中公新書 1159

野口悠紀雄著

「超」整理法

情報検索と発想の新システム

中央公論社刊

「超」整理法・目次

序章　あなたの整理法はまちがっている……3
1　整理は分類か？　4
なぜうまくいかないか？　図書館方式は正しいか？
整理と整頓の区別は重要か？
2　分類の陥穽　9
分類はできない　分類は危険だ　分類は錬金術
分類はムダだ　仕事は変身する
3　アリアドネの糸　23
では、どうするか　「超」整理革命へ
序章のまとめ　26
第一章　紙と戦う「超」整理法……27
1　押出しファイリングの基本思想　28
紙との戦いは続く　魔法のように片付く　単純すぎる？　ポケット一つ原則　強力な時間軸検索
平均アクセスタイムは短くなる　「家なき子」をな

くす　「保存ゴミ」をどう捨てるか　エントロピー増大法則に挑戦　それでも説得されない人に
山根式との違い

2　押出しファイリングの実際　54
気楽にまとめる　理想的な入れ物・封筒　「色別」せよ！　本棚を使う　キャビネットはブラックホール　例外なしに収納せよ　「すぐやる」問題　場所がない人のために　押出し方式が適切でない対象

3　名刺も時間順に　71
分類するな、ひたすら並べよ　シジフォスの戦い
名簿としての電話元帳と手帳

4　本の整理は可能か　78
雑誌醸成空間　本・捨てられないから問題

第一章のまとめ　83

第二章　パソコンによる「超」整理法……………85

1　情報管理の基本思想をくつがえす　86

分類・整理は必要なくなった　なんでも投げ込んでおく　パソコンを使わないのは贅沢

2　パソコンに何をさせるか　91

ユースウエア・人間側からの位置付け　捜し物をさせる　電子業務日誌　予定表はパソコン向きでない　連絡を電子ファクスで　スクラップ・ブックを捨ててデータベースに頼る　論文、メモ、住所録テキストファイルがもっとも使いやすい

3　パソコン超整理法の実際　105

恐ろしい情報の迷宮　分類するな、ひたすら並べよ　ディレクトリの構造　第一キー・時間軸　第二キー・拡張子　第三キー・ファイル名　第四キー・「ことば」

実践講座1　三十分でパソコン恐怖症から脱却　119

実践講座2　電話の暴力から自衛するための電子ファクス　123

実践講座3　手紙の作り方　128

第二章のまとめ　130

第三章　整理法の一般理論……131

1　反分類型整理法の系譜　132
超整理法発生史　焼畑方式の図書館　検索簿方式　ミシュラン、百科事典、山根式

2　整理法の分類学　142
四つの基本形　ランダム・アクセスと順次アクセス　どのカテゴリーを優先するか　ストック情報からフロー情報へ

3　最適な整理法は何か　151
ノウハウでなく科学を　単純な迅速性だけが整理法の基準ではない　各方式の長所・短所　最適な方法は何か　「個人用」ということの意味　モノは徹底分類

第三章のまとめ　164

第四章　アイディア製造システム……165

1　発想法は存在するか？　166

発想支援体制　理想的なインキュベイター　恋愛
七段階説の応用による学期末レポートの書き方

2　取掛かり　174

ニュートンのりんご　始めればできる

3　ゆさぶり　180

自分自身との対話　読んでもらう　本との対話
カード派対無意識派

4　ひらめき捕獲システム　189

自分をメモする　持ち歩き端末　紙のメモはノートに戻れ　録音メモの強力さ　アイディアが出すぎて大変

第四章のまとめ　202

終　章　高度知識社会に向けて……205

変貌する日本の産業構造　必要とされる新しい情報
処理工学　一変した個人レベルの情報処理能力
分散型情報処理のインパクト　知識資本に対する投
資　新しい時代への教育改革

BOX

1 「解が存在するか」が大問題　16
2 分類学入門　20
3 二割を制するものは八割を制す：パレートの法則　46
4 Magic Number of Three?　114
5 ミシュラン　139
6 ランダム・アクセス方式の講演　145
7 シソーラス　179
8 ゲーテの立ち机　183
9 タイムマシンの使い方　198

私の失敗

(1) 身の毛もよだつダブルブッキング 34
(2) 研究室内の遺跡 65
(3) 一件二五万円の名刺検索 74
(4) ドッペルゲンガー・シンドローム 109
(5) ミノタウロスの餌食となりしファイル 112
(6) 理想システムはかくして破綻 137
(7) 検索簿方式で検索簿が破壊されると…… 156
(8) 私は一万枚は買わなかったが 194
(9) 風呂の中でメモをとれるか？ 195

あとがき 219
参考文献 224
索引 232

「超」整理法

——情報検索と発想の新システム

アリアドネは彼に怪物を突く剣と、一つの糸玉をあたえました。その糸玉さえあれば、迷宮の出口がわかるのでありました。

ブルフィンチ『ギリシア・ローマ神話』
（野上弥生子訳、岩波文庫）

序章　あなたの整理法はまちがっている

この章では、書類の整理ができない原因は、「分類すること」に伴う基本的な諸問題であることを指摘する。

1 整理は分類か？

なぜうまくいかないか？

あなたの机の上には、整理されていない書類の山が積み上がっていないか？ 別の山が、ほかの場所にもできていないか？ そのため、必要な文書や資料を探すのに貴重な時間を費やしていないか？ それでも目的物が見つからず、窮地に陥ったことはないか？ その半面で、キャビネットの中には、とっくに不要になった書類が後生大事にとってあるのではないか？

もちろん、あなたは、このままでよいとは思っていない。これは仮の姿だ。いつかきちんと整理しよう。いまは忙しいからできないだけだ……。

実際、何年も前に、あなたは書類システムの大改革をやったことがある（かもしれない）。そのときには、すべての資料や書類がきちんと分類され、整然とした体系ができ上がった。

しかし、問題は、美しい秩序が徐々に崩壊してしまったことだ。なぜこうなってしまうのか？

あなたが、怠惰で無能だからか？

そうではない。原因は、あなたが行なおうとしたこと、それ自体にある。資料や書類を「分類しようとすること」がまちがいなのだ！

こういえば、誠に奇異なことと思われるだろう。なぜなら、われわれは、子供の頃から、「整理は分類なり」と教えられてきたからだ。「本棚には、教科書と参考書を科目別に整理して並べなさい。物語やマンガの本などは、別の本棚に置きなさい。机の引出しには文房具をきちんと区分して入れなさい」と。つまり、「まず分類し、それにしたがって置き場所を区別せよ」という原則を叩き込まれてきた。

だから、われわれは、「分類しない限り検索はできない」と信じ込んでいる。

仕事関係の書類なら、連絡文書、名簿、保証書、使用説明書、マニュアル類、経理関係書類……と分類して、それぞれ別の場所に置く。論文コピー、新聞切抜き、報告書控えなどの資料は、事務関連書類とは別にする。そして、資料であれば内容別に区別し、報告書ならプロジェクトごとにまとめる。場合によっては、処理済み、未処理、要返信、重要書類などという区別をする。これが「正しい」方法であると、信じている。これができないのは、几帳面でないからであり、だらしない人間の証拠だ……。

しかし、これは本当に正しい方法なのか？　実は、それこそが最大の問題なのである。

ている。

図書館方式は正しいか？

「まず分類し、それにしたがって置き場を区別せよ」という原則は、さまざまなところで使われている。

その典型はデパートで、売場は商品の種類によって区別されている（実際、department storeという言葉が、そのことを示している）。そして、機能が似ている商品は、近くに置く。このように、モノを機能、用途などにしたがって分類し、置き場所を決める方式を、「デパート方式」と呼ぶことにしよう。「文房具はきちんと区分して引出しに入れよ」とは、「持物の整理はデパート方式で行なえ」と教えているのである。

「情報」についても、一般にはデパート方式が採用されている。これをもっとも系統的に行なっているのが（開架式の）図書館である。ここでは、書籍を内容にしたがって分類し、整然と収納している。そこで、情報についてのデパート方式を、「図書館方式」と呼ぶことにしよう。

あとで述べるように、モノの整理法としてデパート方式をとるのは、基本的に正しいと考えられる（第三章の3参照）。実際、商品がでたらめに置いてあったら、目的のものを探し出すのに大変な苦労をしなければならない。そんな店に客が集まらないのは、明らかだ。

しかし、問題は、この考えを情報にも拡張できるか、ということなのである。情報の整理法として、「図書館方式」は正しい方法だろうか？　少なくとも、個人が用いるものとして、適切な方法だろうか？

整理と整頓の区別は重要か？

整理法の本を読むと、「資料や書類をその内容にしたがって分類せよ」、としている。つまり、個人用情報システムについても、図書館方式の正しさを何の疑問もなく受け入れているのだ。[*1]

この考えによると、整理と整頓は、つぎのように区別される。すなわち、「整理は、機能の秩序の問題であり、整頓は、形式の秩序の問題」であると。[*2]

つまり、整理とは、内容や重要度を考慮して分類し、秩序付けることであり、整頓とは、形式的に片付けて見た目を綺麗にすることである。そして、必要なのは、整理であって整頓ではないというのだ。同じ立場が、つぎの引用にも見られる。

本や書類をぜんぶかきあつめ、積みかさね、トントンと端をあわせ、デスクの片隅にきれいにおくという「片付け」は、本や書類がたんに物理的に「整頓」されたというだけのことだ。分類が一つもおこなわれていないという意味においては、みごとにきれいサッパリと整頓されたデスクと乱雑をきわめたままのデスクとは、しばしば優劣をつけがたい。[*3]

本書は、以上のような考えに疑問を呈し、「整理は分類なり」という固定観念から脱却することを提唱したい。「分類せねばならぬ」という呪縛から解放されたときに、新しい世界が開ける。以下では、「情報を分類する」という考えを批判することから出発する。情報の分類は不可能であり、危険であること、そして無駄でもあることを指摘しよう。

＊1　「整理は分類である」とする立場は、情報量がさほど多くなく、したがって個人情報の整理がさほど深刻でなかった時代から現在に至るまで、連綿と続いている。つぎの引用は、この立場を明確に示している。

・「記録を必要に応じてとり出すことは、その分類保存によってのみ可能である」（加藤秀俊『整理学』中公新書一三、一九六三年、五七頁）。「整理とは、……雑多なもののなかから共通のものをえらび出して、グループ別にわけることなのである」（同、五九頁）、「分類というのは、……さがしものという問題を解決するための第一手つづきである」（同、六〇頁）。

・「整理というのは、ほぼ、分類する、ということと同義である」（加藤秀俊『電子時代の整理学』中公新書七七二、一九八五年、九三頁）。

・「情報の順序を正しくして、今日と将来の活用に備えるのが〈情報整理〉である。……集めたものをただ〈整頓〉しておくだけでは、いざ必要なときに手間どる」（川勝久『新・情報整理学』ダイヤモンド社、一九八五年、七八頁）。

・「ファイリングシステムとは、書類を一定の約束のもとに分類整理して保管保存すること」である（コクヨ、レコードマネージメント推進部『ファイリングがオフィスを変える』ダイヤモンド社、一九九二年、二七頁)。

・「ファイリングは分類から始まる」(中西勝彦「考えるファイリングシステム」『エレキテル：特集収める』一九九三年、第四八号)。

＊2　梅棹忠夫『知的生産の技術』岩波新書、一九六九年、八一頁。

＊3　『整理学』八四頁。

2　分類の陥穽

分類はできない

子供の頃には、「分類して整理せよ」という原則にしたがうのはやさしい。なにしろ、整理すべき持物は限られたものだから。

しかし、大人になって多少とも知的な仕事を始めるようになると、この原則に忠実にしたがうのは、次第に難しくなる。仕事が忙しくなるにつれて、扱う書類は増える。毎日大量の資料が到着する。他方で、本業に追われて、整理などやっていられなくなる。たまに整理しても、すぐに破綻する。机の上や書類棚は、資料や書類で溢れてくる。

なぜ、こうなるのか？　それは、「情報の分類」には、原理上の問題があるからだ。以下で述べるのは、私自身が数限りない失敗の経験を通じて思い知らされてきたことである。各項目の背後には、いくつもの具体的な失敗例がかくされている。これらは、少しでも「整理」とか「分類」という仕事にかかわっている人なら、誰でもつとに痛感しているはずの問題だ（情報の分類作業が決して簡単でないことは、書斎の掃除をするロボットを作れないことを見れば、分かる。[*]どの書類が必要でどれがゴミかの分別でさえ、きわめて高度な認識なのである）。

＊　この指摘は、東京工業大学の今野浩教授による。

(1) こうもり問題

情報の分類ができない第一の理由は、「こうもり問題」、つまり、どの分類項目に入れてよいか分からない、ということにある。これは、つぎの場合に発生する。

①複数属性

第一は、対象となる資料が、複数の内容または属性をもっている場合である。たとえば、「土地」、「税」という分類項目をたてていたとき、土地課税の資料はどちらに分類するのか？　さらに、土地課税と金融がマクロ経済に与える影響を論じているものは、土地、税、金融、マクロ経済のどれに入れるのか？

このような複数属性の例は、モノについてもある。かつてアメリカで、ミサイルは無人飛行機か（つまり空軍の所管か）、あるいは超長距離砲か（つまり陸軍の所管か）が真剣に議論された。

この意味でのこうもり問題は、業務の多角化、ハイブリッド化、クロスオーバー現象などに伴って増えている。

②境界領域

こうもり問題が発生するいま一つのケースは、単一属性であっても、連続的に変化するもののグレイゾーン（境界領域）である。たとえば、重要、非重要という区別をしたとき、判断がつかないものはどちらに入れるのか？　大口・小口、大規模・小規模の境界はどこか？

こうしたケースは、学際問題、業際問題など、境界領域問題の増加に伴って増える。

③タテヨコ分類

こうもり問題が発生するケースは、まだある。たとえば、ある会社の社員は、「ゴルフがうまい人」と「ゴルフが嫌いな人」に分類できたとする。しかし、「ゴルフが嫌いだがうまい人」が現われると、どちらにも入ってしまう（逆に、「ゴルフが好きだが下手な人」は、どちらにも分類できない）。その理由は、「上手下手」という分類軸と、「好き嫌い」という分類軸を同時に使ったことにある。つまり、タテの分類軸とヨコの分類軸が共存しているのである。

手許にある時事問題の解説書を見ると、経済、社会、くらし、国土環境、交通通信、国際などという項目分けになっている。これは、典型的なタテヨコ分類である。たとえば、国際空港の整備が国民生活に与える影響は、どこに入るのだろうか？

こうしたケースは、内容別分類のほかに英語文献、重要資料という項目をたてた場合などに、よく発生する。

(2)「その他問題」

こうもりとは逆に、どの分類項目にも入らないものもある。この場合には、「その他」もしくは「雑」という分類項目を残しておくというのが、ごく常識的な対処であろう。

しかし、これこそ最大の陥穽なのである。「その他」はハードルが低く便利な分類項目だから、どんどん資料が入ってくる。その結果、とどまるところをしらず膨れ上がり、収拾がつかなくなる。これを「その他問題」と呼ぼう。

分類は危険だ

分類は、困難なだけではない。危険な場合も多い。分類したためにかえって検索できなくなる場合があるのだ。

(1) 誤入問題

外山滋比古氏は、「象は鼻が長い」というタイトルで二重主格を扱った日本語文法論の本が、書店で童話の棚に入れられてしまった話を紹介している。*

このように、誤って不適切な分類項目に入れてしまうと、検索できなくなる。分類作業を他人に任せている場合、この種の事故は、頻繁に発生する。

自分でやっていても、錯誤で誤入する場合がある。正しい項目をいくら探しても、目的の資料は出てこない。しかも、誤って入れたのだから、どこに入ってしまったかは、見当もつかない。そこで、すべての項目を探すようなはめになる。

＊　外山滋比古『思考の整理学』ちくま文庫四一〇、一九八六年、一四四頁。

(2) 分店時の在庫引継ぎ問題

「こうもり問題」や「その他問題」、あるいは「誤入問題」を避ける一つの方法は、分類項目をあらくすることだ。ほとんどの整理法の本が、こうしたアドバイスをしている。

しかし、いつまでもそのままではすまない。仕事の進展に応じて、項目を細分化する必要が生じる。つまり、最初は雑貨店で出発するが、特定品目の扱いが増えたら専門店（ブティック）を分店するわけだ。「その他」項目からの分店はかなりあるだろう。

しかし、ここで、「元の店にあった在庫をどう引き継ぐか」という問題が発生する。たとえば、税という分類をたてていたが、所得税関係の資料が多くなったので、新たに所得税という項目を起こしたとしよう。このとき、それまで税項目に分類されていた所得税の資料は、どうするのか？　選別して、新しい項目に入れるのか？

もちろん、この作業は手間がかかる。だが、在庫引継ぎを厳密にやらないと、混乱がおきる。

元の項目に残った資料は、検索できなくなるからである。引継ぎしても、置忘れがあれば、同じことになる。

(3)〈君の名は〉シンドローム

正しい分類項目に入れても、どこに入れたかを忘れてしまうことがある。どんな項目をたてたかさえ忘れる。頻繁に使わない資料は、とくにそうだ。

分類項目の意味を忘れることもある。とくに、「論文1」、「論文2」というように、数字を使ったタイトルの場合にはそうだ。1、2とは、何を基準にした分類だったのか？ 内容を表す名前をつければよいのだが、当面は自明なのでつけないでいる。すると、しばらくして、自分でも忘れてしまう(一般に、数字を使う命名は、極力避けるべきである。私が勤める大学の建物は、「第1新館」「第1研究館」などの名前がついている。いまだにどれがどれなのか、覚えられない)。

「忘却とは忘れ去ることなり」という真理(トートロジー？)を確認させてくれた業績をたたえて、これを「〈君の名は〉シンドローム(症候群)」と呼ぼう。

分類は錬金術

以上のような問題があるので、分類作業は、頭痛の種である。それにもかかわらず、整理法の本は、これらに対して、満足のいく答えを出していない。もっとも重要な箇所を素通りしているのだ。

たとえば、「こうもり問題」に対しては、コピーを作って両方の項目に入れよ、あるいは、一方の項目に「項目××を参照」という紙を挟め、という提案がなされる。

しかし、この作業には、大変な時間と労力がかかる。一、二枚の資料で二、三個の項目ならいいが、何十ページもの資料を多数の項目に入れるためにコピーしていては、それだけで一日つぶれてしまう。また、収納スペースが一杯になる。他項目参照用の紙でも、程度の差はあるが、同様の問題がある。

「その他問題」に対する処方箋もない。「未整理ファイルに、ほんとうに未整理のものだけを入れておくには、よほど強い意志が必要である」という忠告をしている本もあるが、「意志」とは具体的には何であろうか？

ブティック分店時の在庫引継ぎも、実際にはかなり厄介だ。引継ぎを行なえと明言している本もある。しかし、元の分類項目に入っていた資料をもれなく点検するには、場合によっては気が遠くなるほどの作業をしなければならない。

「誤入問題」や「〈君の名は〉シンドローム」については、私が見た限りの整理法の本では、そもそも問題としてすら意識されていない。これらは、錯誤や忘却という人間の誤動作に起因するものだからだろう。しかし、この点での人間の能力は、あまり信頼できないのである。

BOX 1.「解が存在するか」が大問題

一般に、「解が存在する」ということが分かりさえすれば、その具体的な内容を見出すのは、さほど難しくない。

たとえば、原子爆弾の開発でもっとも重要な情報は、「原爆が製造可能」ということであった。まず第一に、核分裂反応が実際に起こるかどうかが確かでなかった。また、原爆が引き金になって海中の重水素や空気中の窒素が核融合を起こし、地球全体が火の玉になってしまうのではないかという問題（「終末兵器問題」）も、科学者たちを悩ませた。ノーベル賞を受賞した物理学者コンプトンは、「人類の歴史に最後のカーテンを引くよりナチにひざまずいたほうがましだ」と語ったそうである*。アメリカが原爆の可能性を証明したあと、ソ連などの諸国が同じものを作るのは、さほど難しくなかった。

現代技術での例としては、核融合発電がある。何十年も前から最終的なエネルギー源として期待されながら、いつになっても実用化されない。そもそも実現不可能なのではないかということさえ危惧される。そうした不安が高まると、まず、人材がこの分野に入ってこなくなる。また、研究費も枯渇してくる。そうした事態になると、開発はさらに遅れてしまい、予言が自己実現的になってしまう。

経済理論でも、「解が存在する」ということを証明する部分は、かなり難しい。しかし、存在しないものの性質をいくら調べても無意味だから、この部分をなおざりにするわけにはいかない。

もっとも単純なレベルでいえば、内生変数の数だけ方程式があるかどうかが問題である。具体的な政策論でも、政策目的の数だけの政策手段があるかどうかが問題だ。たとえば、景気刺激と対外経常収支の赤字削減を同時に行な↖

うには、一つの経済政策だけでは不可能な場合がある。

　もう少し高級なレベルでは、「不動点定理」を用いた均衡解の存在証明が試みられる。また、「アローの不可能性定理」として知られる定理は、一定の基準を満たす社会的意思決定ルールが存在するかどうかという問題を提起した。これらは、数理経済学では、重要なテーマである。

　入学試験問題には、必ず解があることが分かっている。しかも、さほど複雑でない解が。しかし、世の中には、解けない問題もあるのだ。受験勉強の弊害がさまざまに指摘されるが、一番大きな弊害は、すべての問題に正解があると思い込んでしまうことだと思う。

　もっとも、私が受験した年の東大の物理の問題は、答がきれいな形にならなかった。長々とした式がどうしても簡単にならないのである。多分、問題がまちがっていたのだと思うが、いまとなっては確かめようもない。
　＊　吉田文彦「核を操った科学者　E・テラーとその時代」朝日新聞夕刊、1991年10月21日より連載。■

だから、従来の整理法は、「仮に、こうした問題が解決できるとしたら、分類は役立つ」といっているのだ。解の存在定理の証明を省略して、その先を議論しているのである。

　そもそも、ある問題に解があるのか否かを知るのは、実に重要なことである（BOX1参照）。錬金術の発見や永久機関の発明のために、なんと多くの無駄な努力が費やされたことか。そうした労苦のはてに、人類は、これらが不可能であることを知った。

　情報の分類も同じだ。「情報を分類できる」との考えは、錬金術を求めるようなもので、不可能の追求なのである。約束の地は存在しない。それは、幻影に過ぎない。整理ができないのは、われわれが怠惰だからではない。考え方がまちがっているのだ。

多くの整理法の本には、「かくかく云々の方法をとれ。こうすれば、うまくいく」という類のことはたくさん書いてあるが、「こうすると失敗する」という記述はあまり見られない。しかし、よく考えれば、これは誠に不思議なことである。私の考えでは、整理法の本に書いてあることの大部分は、もしそのとおり行なえば、これまで述べたような理由で、もともと成功するはずがない方法だからだ。すでに述べたように、この章でこれまで述べてきたことは、私自身の実際の失敗経験に基づいている。以下の各章では、失敗の具体例を、さらにいくつも述べるつもりである。

分類はムダだ

分類に伴う問題としては、以上のような原理上の問題のほかに、実務的なものもある。

第一に、分類をするには、手間と時間がかかる。まず、分類項目の設定と命名に頭を悩まさねばならない。また、個々の書類をどの項目に入れるか、いちいち判断する必要がある。その過程で、こうもり問題、在庫引継ぎ問題などが、つぎつぎに発生する。すでに述べたように、これらについて、整理法の本に書いてある方法は、御用とお急ぎの身には、とても付き合えない。

これは、「ぐうたらの言い分」「ものぐさの論理」といわれるかもしれない。しかし、整理が破綻しているのは、ずぼらな人ではなく、多忙な人である。扱う書類が多すぎ、時間がないから、追いつかないのだ。実際、これらの人々は、「これではいけない」「なんとかしなくては」と思っている。これは、もともと彼らが几帳面であることの証拠である。だから、「整理のための整理法」ではなく、「整理より重要な仕事を持っている人の整理法」が必要なのである。

これに対しては、「いくら忙しくとも、整理のための時間を惜しんではならない」といわれるかもしれない。しかし、どんなことでもそうであるが、コストと効果の比較が必要である。もし、整理することで大きな利益が得られるなら、時間をかけて、あるいはアシスタントを雇ってでも、面倒な作業を遂行すべきだろう。

しかし、実際には、保存した資料のほとんどは使わないのだ。これが、第二の実務的問題である。新聞切抜きなど、扱いにくいものをわざわざためておいても、結局は捨てる。私の場合、保存したもののうち、まず九割は使わない（板坂元氏は、集めた情報のうち重要なものは二〇パーセント程度という。[*1] これは、かなり効率的な部類に属すると思う）。統計学では、五パーセント以下の確率の事象は、ひとまず無視してもよいとされる。この基準からすると、資料の保存というのは、無意味の一歩手前の作業なのだ。このために貴重な時間を浪費するのは、誠にもったいないことである。

立花隆氏は、夜寝る間を惜しんで整理し、ついには資料を読む時間をさえ削って資料整理に励

BOX 2. 分類学入門

ウィトゲンシュタインの「家族的類似性」

「分類」とは、似た者同士をまとめて分けることであるが、この厳密な定義は自明ではない。整理法の本をみると、「共通の性質によって分けること」「共通したもの、もしくは類似したものを、グループ化すること」などと、常識的に定義されている。

しかし、ニーダムは、何ひとつ共通の属性がないが、しかし「似ている」という場合（「多配列的な類似」）があることを指摘している。[*1]

これは、もともとはウィトゲンシュタインによって、「家族的類似性」（Familienähnlichkeit）として指摘されたものである。ウィトゲンシュタインは、『哲学探究』のなかで、「ゲーム」という言葉について、この問題をつぎのように説明している。[*2]

> 盤を使うさまざまなゲームには、多くの共通性がある。つぎにトランプのゲームに移ると、共通なものは多く残るが、多くの特性は姿を消し、他の特性が現われる。つぎに球戯に移ると、また同じことが起こる。これらすべてに共通する特性はないが、しかし、これらは「縄の繊維のように重なりあっている」という意味で似ているのである。

したがって、「ゲーム」という概念には、内包も外延もなく、またゲームといわれるものがひとつの集合を構成しているのでもない、ということになる。

分類の恣意性

池田清彦氏によれば、分類の客観性には、基本的な疑問がある。すなわち、人間の認知パタンから独立した客観↖

的な性質をことごとく選んでそれらを等価とみなすと、すべての対象は同じくらい似ていることが証明できる[*3]。あひると白鳥は、２羽の白鳥が似ているのと同じくらい似ているという意味で、これを「みにくいあひるの子定理」という。渡辺慧氏により厳密に証明された。したがって、すべての分類は、本来的に恣意的なものである。あるいは、分類とは、世界観の表明にほかならない。

＊1　ロドニー・ニーダム『象徴的分類』（吉田禎吾・白川琢磨訳、みすず書房、1993年）。

＊2　ルードヴィッヒ・ヴィトゲンシュタイン『哲学探究』1953年（藤本隆志・坂井秀寿訳、法政大学出版局、叢書・ウニベルシタス６、1968年、第66節）。

＊3　池田清彦『分類という思想』新潮選書、1992年。■

んだ整理マニアの話を紹介している[*2]。人は、この話を聞いて笑うだろう。しかし、あなた自身がやっていること（あるいは、やろうとしていること）も、大同小異かもしれないのだ。

要は、muddling through する（なんとか切り抜ける）ことである。必要な情報が、失われず、何とか出てくれば、それでよい。完璧で美しいシステムを作る必要はない。目的は検索であり、分類整理はそのための手段の一つにすぎないことを認識しなければならない。

個人の情報整理は、そのために専門家がいる場合とは違うのだ。余計な労力を使わず、仕事の流れの一環として半自動的に処理できるようなシステムでなければ、機能しないのである。

＊1　板坂元『続　考える技術・書く技術』講談社現代新書四八五、一九七七年、五四頁。

*2　立花隆『「知」のソフトウェア』講談社現代新書七二二、一九八四年、五八頁。

仕事は変身する

仕事が十年一日の繰返しで、分類項目が固定化できるなら、これまで述べてきた問題も、さほど深刻ではない。しかし、知的な仕事の多くは、同じことの繰返しではなく、ルーチン化できない。

しかも、仕事の内容や問題意識は、流動的で、時間の経過とともに変わる。このため、分類項目を固定できない。いったん項目を設定しても、すぐに対処できなくなる。ある問題を、さらに細分化したくなる。そこで、つねに新しいブティックを分店する必要があり、したがって、在庫引継ぎが必要になる。本来なら、将来を見通し、将来の必要性に合った分類項目を設定する必要があるのだが、そのようなことは、普通は不可能である。逆に、ある仕事が終われば、その項目は不必要になる。それが処分されないで残ると、他の資料を検索する際に邪魔になる。また、新種のこうもりがつぎつぎに現われる。このように、スタティックで定型的な業務の考えを、変化する仕事にあてはめようとしても、機能しないのである。

生物学では、分類の対象は固定されている。しかし、情報の場合には、対象は時間の経過とともにどんどん増え、しかも、その内容が変化する。これが生物分類との決定的な違いである。情報に関して秩序だって整理できるのは、「すでに死んだ資料」に限られる、とさえいえるだろう。

3　アリアドネの糸

では、どうするか

繰り返そう。情報の分類は不可能である。また、分類すると危険な場合もある。そして、多くの場合、無駄でもある。

しかし、これで終わっては、批判ばかりして建設的な提案をしないかつての日本の野党と同じになる。他人の欠点を指摘するのは簡単だが、そこで止まってはいけない。

問題は、「では、どうするか」ということだ。本書は、以下の章で積極的な提案をしたい。その基本は、「分類しなくても検索できる」ということにある。そのための方法、「情報を整理せずにすます方法」が、「超整理法」である。

なぜ、分類せずに検索できるのか？　基本的な考えは、つぎの二点に要約される。

まず、検索方法に関して、コペルニクス的な発想の大転換をする。それは、前に述べた分類の問題が一切生じない検索のキーを用いることだ。

そうしたものは存在するか？　私の知る限りでは、一つ、そして唯一つだけ、存在する。それは、時間軸である。つまり、すべての情報を時間順に並べ、時間軸をキーとして検索を行なうのである。これによって、分類の悪夢から逃れることができる。私は、これを、ギリシア神話の英雄テセウスに迷宮ラビュリントスから脱出する方法を示した「アリアドネの糸」になぞらえたい。*

第二点は、コンピュータを普通の人でも使えるようになったので、できる限りこれに依存することである。コンピュータの処理速度はきわめて高速なので、内容分類によらずに検索することが可能になった。したがって、「あらかじめ整理しておく」という必要がなくなったのである。

この点はきわめて重要で、情報システム設計の基本思想を根底からくつがえすほどの意味をもつと思う。しかし、こうした技術が利用できるようになったのはごく最近のことなので、この重要性に気づいている人は、まだ少ない。

＊ ギリシア神話によれば、クレタ島のミノスには、牛頭人身の怪物ミノタウロスが住んでおり、アテナイから送られる生贄の子供を食べていた。アテナイの王子テセウスは、その怪物を退治に出かけた。しかし、ミノタウロスのいる迷宮ラビュリントスは、それを造った名工匠ダイダロスでも出られないほど道が入り組んでいる。そこから抜け出す方法は、穴の入口に糸の端を結んで糸巻を持って入って行き、帰りはその糸を手繰りながら戻るほかはない。テセウスに心惹かれたミノス王の娘アリアドネは、彼にその方法を密かに教え、糸を与えたのである。
なお、夏の夜空に現われる小さいけれどもきわめて美しい星座「かんむり座」は、アリアドネの黄

金の冠である。この星座には明るい星がないので、残念ながら、いまの日本ではよく見えない。

「超」整理革命へ

「分類せずに検索する」という発想は、これまでの整理法の考えとは、ラディカルに異なるものだ。すでに述べたように、整理法では、「分類しない限り検索はできない」、「整頓でなく整理が必要」と教えているからである。

しかし、「整理」とは、目的物を検索するためのシステムの構築であり、分類に頼る必然性はない。この意味で、「超」整理法は、「整理革命」なのである。

革命とは、世の中にまったく存在していないことを実現させるのではなく、人々が漠然と意識していたことを顕在化させることである。とくに、従来はネガティブな評価が与えられていたものに、積極的な意義を見出すことである。整理革命についても、このことが当てはまる。

何人かの人と話してみると、時間軸検索を無意識的に、あるいは止むをえずに実行している人は、かなり多い。つまり、「超整理派」は、かなり広範に生息しているらしい。ただ、彼らは、「分類整理が正統」との意識から解放されていないため、「このままではいけない」と考え、時間軸検索に積極的な意義を見出していない。「隠れ超整理派」として、世を忍んでひっそりと生息しているだけなのである。

このため、超整理法をより効率化するためのノウハウが蓄積されてこない。超整理派を団結させ、正統の地位を勝取ることが必要である。本書は、このために書かれた。

序章のまとめ

1　情報の分類が不可能である理由
・こうもり問題（どの項目に入れるべきか）
・その他問題（分類できないものが膨れ上がる）

2　情報の分類が危険である理由
・誤入問題（誤った項目に入れる）
・分店時の在庫引継ぎ問題（項目を細分化するときの書類の処置）
・〈君の名は〉シンドローム（項目名などを忘れる）

3　情報の分類がムダである理由
・時間や手間がかかる割には、保存した資料を使わない。

第一章　紙と戦う「超」整理法

この章では、書類、資料、名刺など、紙媒体の情報を管理するための新しい方法を提案する。

1　押出しファイリングの基本思想

紙との戦いは続く

パーソナル・コンピュータを使い出したとき、これで紙とは縁が切れると思ったことがあった。しかし、現実は、それにはほど遠い。情報システムから紙が完全に駆逐され、すべてが電子的手段で処理できるようになるのは、かなり先のことだろう。現在のところ、自分がいかにペーパーレス・システムを作っても、外部からくる情報のほとんどは紙媒体である。情報操作に関連する仕事のかなりの部分は、依然として「紙との戦い」だ。

むしろ、紙の量はますます多くなった。コピー機の普及によって、個人が入手できる資料が飛躍的に増加したからである。重要な情報が手軽に得られるようになった半面で、情報洪水がもたらされた。「コピーを控え目に」といっても、もはや元には戻れない。電子式コピーが一般に普及したのは一九六〇年代の後半だが、このとき以前と現在とでは、情報の整理に関する条件が一変してしまったのである。また、パソコンの普及も、紙を減少させるよりは、むしろ増大させている。

そこで、紙情報の処理法について、真剣に考えなければならない。この章では、書類や資料を従来の整理法とまったく異質の発想で管理する「野口式押出しファイリング」を紹介しよう。

魔法のように片付く

最初に導入手順を述べる。まず、本棚に一定の区画を確保する。多分本が詰まっているだろうから、どける。そして、角型二号の封筒（三三二×二四〇ミリ。A4判の書類が楽に入る封筒）を大量に用意する。それから、マジックペンなどの筆記用具。準備は、これだけである。

さて、机の上に散らばっている書類などを、ひとまとまりごとに封筒に入れる。このまとまりを、「ファイル」と呼ぶことにする。封筒裏面の右肩に日付と内容を書く（図参照）。封筒を縦にして、内容のいかんにかかわらず、本棚の左端から順に並べていく。これで終わりである。

このような作業でさえ、時間が惜しいこともありえよう。書類が多い場合には、いちいち封筒に入れるのさえ面倒だろう。この場合、とりあえず、ちらかっているものを立てて並べるだけでよい。あとで時間ができたときに、チェックして不要物を捨て、必要なものを封筒に入れて左端に移す。

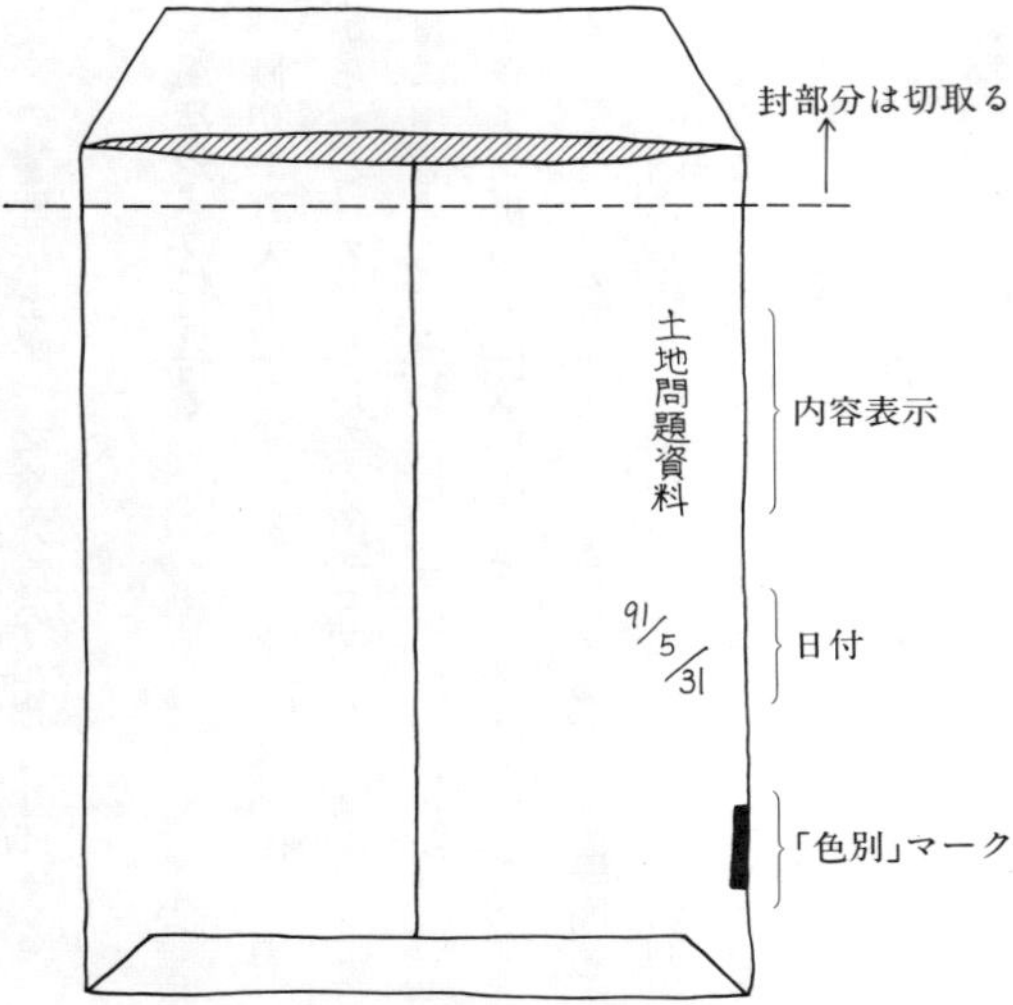

封部分は切取る
土地問題資料
内容表示
91/5/31
日付
「色別」マーク

書類を封筒に入れ、裏に日付と内容を

「騙されたと思って」やってみるとよい。かなり書類が多くても、三十分もあれば終わるだろう。そして、乱雑にちらかっていた仕事場は、魔法のように綺麗になるはずだ。この方式の熱烈な賛同者の一人である東京工業大学の今野浩教授の表現によると、「脳ミソのスペースが広くなったような感じになる」。

以後、新たに到着した資料や書類は、同じように封筒に入れて、本棚の左端に入れる。取り出して使ったものは、左端に戻す。このような操作を続けていくと、使わないファイルは、次第に右に「押出されて」いく（このために「押出し式」と呼んでいる）。端に来たものは使わなかったものなので、不要である確率が高い。そこで、確かめた上で捨てる。

1. Kapitel

Aufgaben und Chanc

Die Tugend des Dien
von Friedrich Schorl

Die Dienstleistung –
eine gesellschaftspoli
Aufgabe
von Roman Herzog

Chancen für den Wir
schaftsstandort Deuts
land durch Dienstleis
von Gerhard Fels

Der US-Arbeitsmarkt:
Entwicklungen
und Herausforderung
von Robert B. Reich

Eine Woche Rauchverbot
für Japans Gesundheitsbeamte

TOKIO, 30. Mai (dpa). Das japanische esundheitsministerium hat zum Welt-chtrauchertag an diesem Samstag seinen litarbeitern einen einwöchigen Verzicht uf Zigaretten verordnet. Außerdem ver-etet es in Zukunft grundsätzlich das auchen in Räumen, in denen schwangere rauen arbeiten. Damit wolle es das Ge-undheitsministerium anderen Behörden leichtun, die weitergehende Vorkehrun-en für den Nichtraucherschutz getroffen ätten. Unter japanischen Männern ist die Zahl der Raucher in den vergangenen Jah-en zurückgegangen, während die Zahl auchender Frauen wächst. Nach einer am Freitag veröffentlichten Umfrage des Ge-undheitsministeriums fiel der Anteil rau-chender Männer im Jahr 1996 auf 55,1 Prozent. Zehn Jahre zuvor waren es noch 74,3 Prozent. Der Anteil rauchender Frau-en stieg in dem Zeitraum von 10,4 auf 13,3 Prozent.

単純すぎる？

以上が、「押出しファイリング」の概要である。基本的には、これですべてである。

こういえば、「馬鹿にするな！」と怒鳴られるかもしれない。「ファイリングシステムとはおこがましい。どんなに高級な方法かと思ったら、身も蓋もないではないか」と。そして、整理法の専門家からは、つぎのようなお叱りがあるだろう。「机の上は確かに綺麗になった。しかし、ただ並べただけではないか。あとで必要になったときに、どうやって探すのか」、「分類しなければ、書類の在りかは分からない。ただ並べるだけなど、もってのほかだ」と。序章で紹介した梅棹、加藤両先生の区別によれば、これは「整頓しただけで、整理になっていない」ということになろう。

確かに、この方式は、実に簡単・単純・素朴で、一見して「身も蓋もない」ように見える。しかし、待って欲しい。まず第一に、なぜ単純ではいけないのか？　目的が達成できれば、簡単なものほど優れているのではないか？　複雑でなければ有り難みがなく、難しくなければ権威がないと考えるのは、日本人の悪癖の一つだ。われわれはそれから脱却しなければならぬ。

それに、この方式は、当たり前のことをいっているのではない。それどころか、普通の人の習慣や本能には反することを強要しているのである。

なぜなら、まったく関係のない書類が隣同士に並んでいたりするからだ。絶対に必要な重要書類が、一応とっておく程度の資料に囲まれたりしている。シュルレアリスムの詩人ロートレアモンの詩にいう「手術台の上のミシンとこうもり傘の出会い」のような状態である。このように並べることに対しては、かなりの心理的抵抗が伴うだろう。

「分類せねばならぬ」という固定観念はきわめて強い。これは、本能である。誰もが、無意識のうちに、「整理＝分類」という原則にしたがおうとしている。だから、単に並べることに対しては、強い抵抗が働く。「内容別に置き場所をかえようとする誘惑」を捨てるのは、並大抵のことでない。これを排して「何も考えずにひたすら並べていく」のがこの方式の要求するところであり、それは意識しなければできないことだ。

ポケット一つ原則

この方式で、なぜ必要に応じて書類を取り出せるのか？

第一の理由は、目的の書類は、本棚の中に必ず存在しているからだ。捨ててさえいなければ、必ずこの中にある。ほかの場所を探す必要はない。つまり「存在定理」が証明されているのである。だから、ここを探せば、必ず出てくる。捜索は、この場所に限定して行なえばよい。

このように、置き場所を一箇所に限定するというのは、きわめて重要なことだ。これを「ポケット一つ原則」と呼ぼう。*1

もし見つからなければ、それは、誤った判断にもとづいて、あるいは、過失によって、捨ててしまったのである。その書類は、もはやどこにも存在しないことが証明されたのである。したがって、別途の処置を考えるしかない。

以上は、当然のことだ。あまりに当然すぎて、わざわざ書くことさえためらわれる。しかし、これは、「考えてみて初めて当たり前と分かる」ことなのである。

その証拠に、多くの人は、内容や重要度に応じて、書類の置き場所をかえているではないか。[*2] 実際、あなたは、預金通帳やパスポートを、新聞切抜きと同じ場所に置いているだろうか？　借り物で絶対なくすことのできない資料は？　必ず返答しなければならない手紙は？　多分、あなたは、これらの「重要書類」を、他の資料などとは別に格納しているに違いない。だから、書類置場は複数存在するはずだ。

ところで、「書類がどこにいったか分からない」とは、複数ある置き場所のどこに置いたか分からないということである。重要書類のキャビネットにしまったのか、机の引出しに入れたのか。未処理書類の箱か、それとも机の上に積んであったのか。ポケットが多すぎて、どこに入れたか分からなくなり、検索できなくなったのである。

ポケットが複数あると、目的の書類が一定の範囲にあるとは限らない。だから、探索範囲を限定できない。見つからなくても、どこかにあるかもしれない。だから、捜索は打ち切れない。か

私の失敗(1)　身の毛もよだつダブルブッキング

たまたま手帳を持っていないときに面会や講演の約束をし、それを手帳に記載し忘れて、同時刻に別の予定を入れてしまうことがある。事前に気がつけばなんとか対処できるが、その時刻になるまでまったく気がつかないこともある。こうなると、完全にピンチである。私は、過去30年間に、こうした危機を４回経験した（失敗が１回で終わらないことが、人間の悲しさだ）。

これは、予定表について「ポケット一つ原則」を守らなかったために起きた事故である。「手帳を持っていない限り約束はしない」くらいの心構えが必要であろう。

不幸にして事故が起こってしまったら、下手な言い訳をせず、率直に謝ることが必要だ。事故の未然防止はもちろん重要だが、事後処理も、それに劣らず重要である。

なお、こうした事故を防ぐ方法は、連絡をファクスで行なうこと（第二章の２）である。■

くして、たった一つの書類を求めて、何時間も捜索が続くようなことが起こる。

見つからなかった書類が何かの拍子に見つかったとき、われわれは、「こんなところにあったのか！」と思う。「場所」に関する人間の記憶はあやふやであり、したがって、置いた場所というのは、誠に忘れやすいものだ。

私自身が、「ポケット一つ原則」を全書類に拡張して、その強力さに驚嘆した。書類の紛失事故は、それ以降、発生しなくなったのである。

ちなみに、「ポケット一つ原則」は、旅行中にも重要なノウハウである。ホテルの部屋で持物をいろいろな場所に置くと、置き忘れる。数日間の滞在なら、一箇所（それが無理なら、せめて洗面所と部屋の机）にまとめて置くほうがよい。

＊1　リンドは、エッセイの中で、「仕立屋がポケットを一つ作り忘れてしまった。最初は怒ったが、よく考えてみると、このほうがよいことが分かった。将来切符をなくすポケットがひとつ減ったことに気がついたからだ」と述べている（Robert Lynd, *I Tremble to Think*, London, Dent, 1936）。

なお、私の場合、ポケットは、自宅の書斎と大学の研究室で二つになってしまっている。これは仕事場が二つあるためのやむをえない結果なのだが、それでも問題だ。「必ずここにある」という存在定理が証明できない。

＊2　たとえば、梅棹忠夫氏は、仕事の内容に応じた空間の機能分離が必要であるとし、仕事場、事務所、資料庫、材料置場などを区別すべきだという（『知的生産の技術』九三頁）。また、「事務文書保管と資料保存は分離せよ」としている（同、八九頁）。

強力な時間軸検索

「なるほど、確かに、一定の範囲内にあることは分かった。それでも、ただ乱雑に並べただけのところから探し出すのは大変だ」といわれるだろう。目的の資料が、何百もの封筒の大海に飲み込まれて、どこにいったか分からなくなってしまうように思われるからだ。「保存はしたが、見つからない」ということになりはしないか？　検索のためには、やはり内容別の分類が必要なのではないか？

こうした不安は、当然である。誰もが、そう思うだろう。私自身でさえ、分類を完全に取り払うことに対しては、高所から飛降りるような恐怖感があった。

しかし、実際には、こうした心配は杞憂なのである。なぜなら、このシステムでは、書類をでたらめに置いてあるのでなく、時間順という重要な軸で秩序づけているからだ。そして、時間軸をキーにした検索は、つぎの二点で、きわめて効率的なのだ。これこそが、重大な発見だったのである。

第一に、取り出すファイルは、ほとんどが最近使ったものの再使用である。だから、保存したファイルのすべてをつねに検索する必要はない。捜索範囲は、ほとんどの場合に、左側のごく一部に限定される。これは、実行してみるとすぐに分かる。

私の場合、使わなかったファイルは、一週間でおよそ二〇センチ右へ進む。しかし、その勢いでどんどん書類が増えていくかというと、そうではない。一月で約三〇センチ、そして一年で一・五メートル程度である。これは、同じものの繰返し使用が多いことを示している。

第二に、古いファイルであっても、左から順に調べていくと、あるところより右にないことは、大抵分かる。「いつごろ入れたファイルか」ということは、きわめてよく覚えているのである。

少なくとも、「これほど古くはない」ということは、まずまちがいなく分かる。だから、そこまできて見つからなければ、もう一度左端から探し直してみる。

私の場合でいうと、共同研究のプロジェクトなどでは、論文を書いてから最後の出版までにかなり時間がかかるため、数年前の論文や資料を改めて参照するということがときどきある。それでも、いつ頃の仕事かは分かるから、簡単に出てくる。また、毎年決まった時期に使う資料もある。たとえば、四月の学期はじめに行なうゼミナール選考の一件書類を、従来は「ゼミ関係」という分類項目に入れていた。しかし、これを行なう時点は確定しており、しかも翌年まで参照することはないから、時間順であっても、すぐに検索できる。むしろ、このほうが速い。このように、新しい資料でなくとも、時間順で容易に検索できるのである。

時間的な前後関係が明確なのは、一つには、因果関係による。たとえば、試験問題のファイルは、その採点記録ファイルより古い時点にある。また、人間の記憶が、脳の中で時間順に並んでいることとも関連しているようである。前に「場所に関する人間の記憶はあやふや」と述べたが、それと対照的に、時間順に関する記憶はきわめて正確である。時間に関する記憶と場所に関する記憶で、このように大きな違いがあることは、特筆すべきであろう。

私は、序章で、時間軸検索を「アリアドネの糸」になぞらえた。これには、「(情報の) 迷宮から脱出する手段」という意味とともに、「記憶の糸をたどるようにして目的物に辿りつく」という意味も含ませている。

平均アクセスタイムは短くなる

押出し法の有効性が私の仕事の特殊性によるものではないことを確かめるために、何人かの友人に話してみた。その結果、約三分の二の人々は、この方式の有効性を理解してくれた（そのうち何人かは、いまや熱烈な支持者である）。しかし、残りの人々は、「面白いけれども心配」という反応であった。その原因は、「分類しないこと」に対する恐怖感である。このような感覚をもつのは、当然のことだ。そこで、これが実は根拠のないものであることを示すために、私の場合について検索の実態を具体的に紹介しよう（図参照）。

(1) ワーキング・ファイル

すでに述べたように、使用するファイルの大部分は、過去数日間に使ったものの繰返し使用である。これは、左側から十～二十個の範囲にある。この中から目的物を探し出すのに要する時間は、数秒ですむ。封筒が色分けしてある場合（後述）には、ほぼ瞬時に見出せる（このように、頻繁に使うファイルの数は意外と少ない。しかし、これは考えてみれば当然のことであって、何百ものファイルを同時に駆使するなどという人は、あまりいないだろう）。

こうした書類は、「ワーキング・ファイル」であり、わざわざ分類して保存するほどのもので

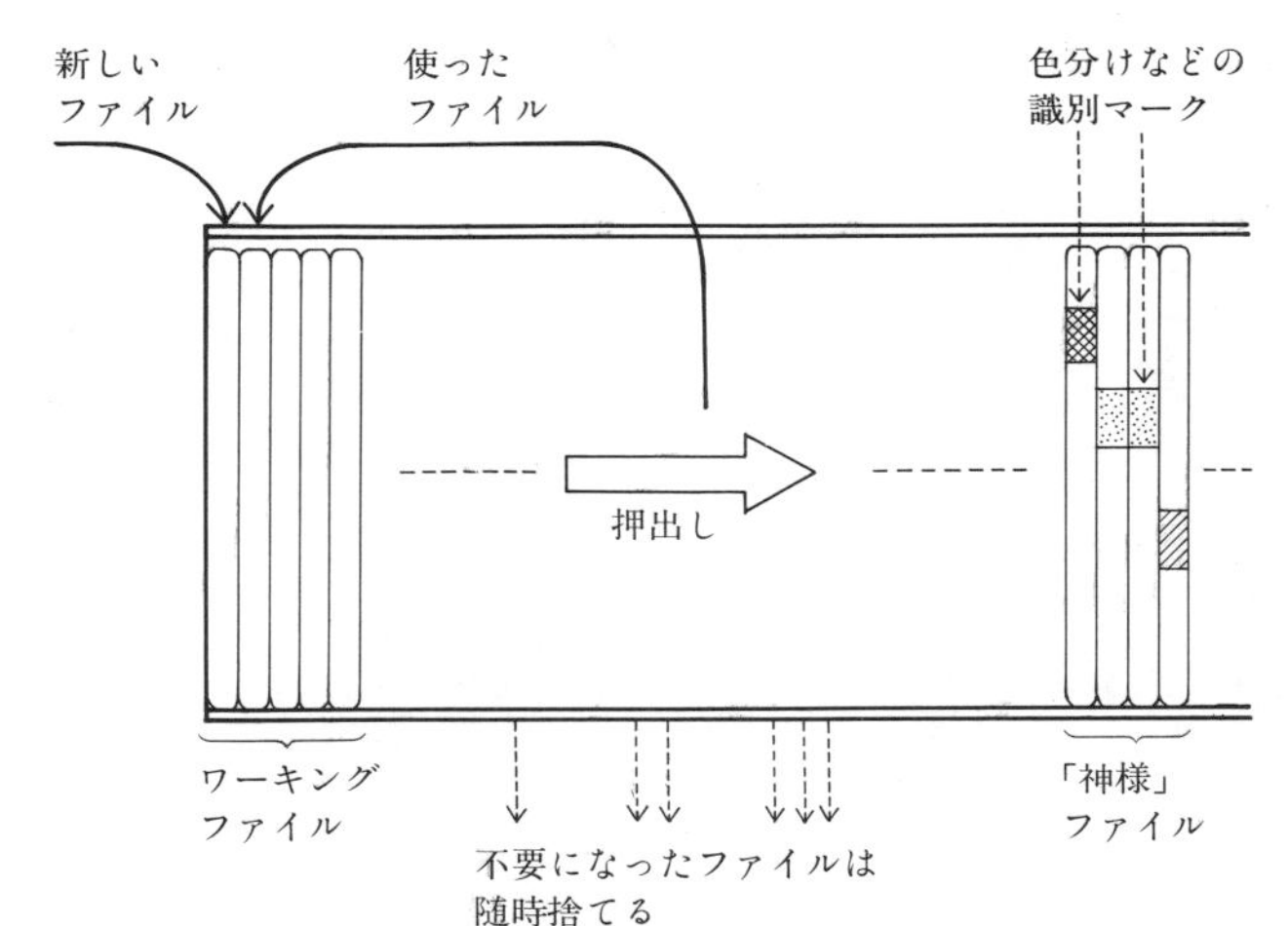

「押出し」ファイリングシステム

はないので、従来は、机の上に乱雑に積むことが多かった。そのため、どの山に入れたか分からなくなって、書類をかきわけて探すことが常態であった。これらを押出しファイリングに収納することで、アクセスタイム（必要な書類を見出すのに要する時間）は大幅に短縮した。それだけでなく、仕事の流れを中断せずにすむようになったメリットが、きわめて大きい。

(2)　数か月間使わないファイル

数日に一回は、数か月間使わないでいた書類が必要になる。これは、左から数えて、百個程度の範囲に入っている。左端から順に全部検索していくとしても、二分程度、長くとも三、四分あれば、この範囲をすべてカバーできる。実際には、それより前に目的物に辿りつくから、平均所要時間はこの半分と考えてよい（色分けなどによって、瞬時に検索できる場合も多い)。

このカテゴリーの書類については、整然と分類されている場合に比べれば、アクセスタイムが長くなるかもしれない。しかし、数日間で最大三、四分のロスというのは、ほとんど無視できるだろう。

(ただし、絶対的な時間制約に直面する場合もある。たとえば、ファイルが出てくるのを誰かが待っている場合、数分間も待たせるのは、なかなか難しいだろう。このような場合、ファイルが見つからないと、焦る。私の経験では、こうしたことが数か月に一回程度は起こる。しかし、この場合にも、探せば出てくるのだから、「分類しておけばよかった」などと後悔しないで、落ち着いて探すことが重要である。また、このような要求が予想されるファイルは、あらかじめ色分けなどで目立つようにしておくことも必要である。なお、従来は、こうした場合にまったくファイルが見つからないことも、しばしばあった。)

(3)「神様」ファイル

一月に数回は、過去数年間に一度も使わなかったファイルを検索する必要が生じる。数年間の濾過過程をくぐりぬけて残された、という意味で、私はこのカテゴリーの書類を「神様」と呼んでいる。論文のコピー、名簿、使用説明書、保証書などは、「神様」になることが多い。「神様」は重要なものであるから、通常、封筒がはっきり色分けしてあったり、いくつかのファイルをまとめたりしてあって、もともと目立つようになっている。したがって、実際には、かなり容易に見出せる。

仮にすべてのファイルを検索するはめになったとしても、それに要する時間は、許容範囲内にある。私の場合、保存してあるファイルの総数は、七百〜千個程度である。これらは、一箇所にまとめてあり、しかも垂直に立っているので、検索は楽である。左から順に封筒の背を撫でていけばよい。一秒間に二個程度のスピードで進むとすれば、八分程度で調べられる。ゆっくり調べても、十五分もあればくまなく調べられる。これが、最悪の場合の最大所要時間である。平均時間はこの半分であるし、また、「あるところより古くはない」ことが分かるから、実際の必要時間はさらに少ない。だから、実務上は、ほとんど問題がないのである。

このカテゴリーの書類については、従来は、「どこに置いたか分からなくなった」という場合が多かった。十五分どころか、何日間も探し回ったことさえある。

また、図書館方式で分類しておいても、序章で述べたように、検索できなくなる危険がある。まちがった分類に入れたものや、どの分類に入れたかを忘れてしまったものは、すべてのファイルを調べないと、取り出せないからである。仕事の内容が流動的で分類項目が変化している場合には、こうした事故が起こりやすい。そして、これは致命的である。押出し方式では、このような重大事故は発生しない。

以上をまとめると、つぎのようになる。第一に、「ワーキング・ファイル」は左側にまとまっているから、すぐに取り出せる。第二に、「神様ファイル」は、目立つような外観を呈していることが多いので、これも分かる。目立たない神様も、有限の時間で検索できる（つまり、行方不明にはならない）。これらについての平均アクセスタイムは、図書館方式のファイリングの場合より短くなるだろう。

問題は、第二カテゴリーの「数か月間一度も使わない書類」である。これについての平均アクセスタイムは、つねに適切に維持された図書館方式のファイリングに比べれば、多分長くなるだろう。ここは、押出しファイリングの「泣きどころ」といえるかもしれない。

したがって、問題は、このカテゴリーの書類がどの程度多いかである。いうまでもなく、これは、仕事のパタンに依存しており、個人差がある。私の場合、こうした書類を検索する必要は、数日に一回しかないと述べた。これより頻度が多い人も、いるかもしれない。しかし、私のようなパタンは、かなり一般的なのではなかろうか。「数か月に一度しか使用しないファイルを頻繁に利用する」という仕事は、論理的に考えると、相互に関連のない多数の分野をこま切れに、並行的に扱う、というタイプの仕事のはずである。しかし、こうした仕事が具体的にどのようなものか、私には想像できない。

しかも、図書館方式ファイリングを「つねに適切に分類がなされた状態」に維持するには、手間と時間がかかる。これは、仕事全体としての平均アクセスタイムを考えるときには、重要な意味をもつのである。それをつぎに述べる。

「家なき子」をなくす

押出し方式では、分類に頭を悩ます必要がないので、どんどん書類を処理できる。分類しようとすると、こうはいかない。まず、どのような分類項目を作ろうかと悩むし、いままでの分類に該当しない資料が出てきたときに、また悩む。このようなことに頭を使っていたら、処理はなかなか進まない。分類の悪夢からの解放がどんなに素晴らしいか、実行すればすぐに実感されるであろう。

ところで、「どんどん処理できる」ということには、二つの意味がある。第一は、物理的な意味のスピード、つまり、書類の格納に要する時間が短いということである。いま一つの意味は、手軽にできるということである。書類を簡単にシステムに取り入れられる。これは、重要な意味をもっている。なぜなら、図書館方式では、格納するための心理的バリアが高いので、「とりあえず置いておこう」という書類が机の上に散らかるからである。システムに入った書類はきちんと整理されていても、仕事場全体は乱雑になる。

このことの意味を、つぎの比喩で説明しよう。いま、町の人々のために、エアコンなどの設備が完備した高規格の住宅を作ったとする。ただし、この住宅は数が少ないので、住民全体を収容することはできない。すると、ここに入れる人は、ひとにぎりの恵まれた人だけになってしまう。他の人々は、浮浪者になって高級住宅の外にたむろする。この場合、住宅に入れた人だけをみて、「この町の居住水準は高い」といっても無意味である。統計学の用語でいうと、サンプルセレクション・バイアス——標本を抽出する際の偏り——がある。問題は町全体の居住水準であり、それは住宅に入れなかった人も含めて評価しなければならない。

書類管理についても、同じである。システムに取り入れられた幸運な書類だけを取り出してアクセスタイムが短いといっても、その方式の有効性を立証したことにはならない。効率性の評価には、システムに入れないでいる「家なき子」も含めて考えなければならない。図書館方式をとっている場合、きちんと整理されて保存されているものは、「すでに死んだ」資料であることが多い。使わない書類についての仮想的なアクセスタイムがいくら短くても、実際には何の意味もない。

押出しファイリングでは、家なき子は事実上皆無である。このことが、仕事全体で考えた平均アクセスタイムを大幅に減少させる。

「保存ゴミ」をどう捨てるか

押出しファイリングのもう一つの重要な利点は、捨てる判断が容易になることだ。

整理の要諦が「捨てる」ことにあるのは、明らかである。ものを置く空間には物理的な限界がある。そうでなくとも、余計なものがあると、それが雑音になって、見つけにくくなる。「検索の効率を上げるために、不要なものを捨てよ」。整理法の本は、どれもこの点を指摘している。これは、まったく正しい。

たとえば、オフィスの書類の保管期間は、マニュアル、カタログを除けば、二年間で十分だという。また、任意の時点で廃棄できる書類は四〇パーセントもあるという。*スリム化の第一歩は不要書類の廃棄からだという。そのとおりである。学術情報についても、「情報の半減期」はどんどん短くなっている。だから、数年間使わない資料で図書館などに保存されているものや、一般的な書籍として買えるものは、個人は保管しなくともよい。

しかし、問題は、「不要かどうか」の判定なのである。これが難しい。「もしかすると、いつか必要になるかもしれない」から、捨てられない。ほかにはない資料などの場合には、とくにそうだ。これらが、いわゆる「保存ゴミ」になる。そして、通常の保存法だと、本当のゴミになっても、保存され続ける。これは、捨てるためのプロセスがシステムに組み込まれていないからだ。

私の例でいうと、論文審査結果や期末試験の採点済答案は、問い合せがあった場合などに備えて、しばらくは保存しておく必要がある。しかし、一定の期間が過ぎれば、処分してよい。この

BOX 3．2割を制する者は8割を制す：パレートの法則

講義やゼミナールでの学生の質問ぶりをみていると、すべての学生が同じように発言しているわけではないことに気がつく。よく質問する学生は決まっていて、全体の2割くらいである。そして彼らの質問が全体の8割を占める。「世の中の現象は一様に分布しているのではなく、偏った分布をしている」。これは、所得分布に関して、イタリアの経済学者パレートが100年ほど前に発見した法則である。つまり、2割の人々の所得で、社会全体の所得の8割程度を占めるのである。

その後、類似のことが多くの対象に成り立つことが分かり、パレートの法則は、品質管理で広く応用されることになった。これは、しばしば「2－8の法則」と呼ばれる。

たとえば、車の部品のうち故障しやすいのは部品全体の2割程度であり、これで故障全体の8割を占める。商品の品質特性はきわめて多いが、そのうち消費者が問題とするのはわずかなものにすぎない。このため、消費者からのクレームの8割は、2割の特性に関するものである……等々。

この場合、部品や特性のすべてに平等に対処するのでなく、重要な2割のものを重点的に扱うべきである。簡単な計算から分かるように、これによって、能率が実に4倍になるのである。これほど簡単な法則の応用で、これほど顕著に能率を上げられるのは、驚くべきことといえよう。

パレートの法則を書類に適用すれば、「すべての書類を満遍（まんべん）なく使うのでなく、使う書類の8割は全保存書類の2割に集中している」はずである。押出しファイリングは、この法則を応用して検索の能率を高めている。通常の方法では、すべての書類を平等に扱うどころか、重要である2割の書類が「家なき子ファイル」や「家出ファイル」と↖

なって机の上に散乱しており、適切な扱いを受けていない。

　ところで、一般には、パレート法則を知っているだけで能率が上がるわけではない。重要なのは、具体的な対象に関して何が2割のグループに属しているかを把握することだ。これを知るには、さまざまな調査をしなければならない。ところが、押出し方式では、この2割が自動的に選別されるのである。本文で述べた「ワーキング・ファイル」がそれに該当する。2－8法則が文字通り正しければ、押出しファイリングを採用することによって、書類検索の能率は、自動的に4倍になるのだ！

　さて、本の読み方にもパレート法則が応用できる。1冊の本の中で重要な部分は、全体の2割くらいである。そして、ここに全体の8割の情報が入っている。だから、本は最初から通読する必要はなく、2割だけを読めばよい。

　……もっとも、本書は例外である。すべてのページに重要なことが書いてあるので、ぜひ、最後まで読んでいただきたい。■

ため、いままでは、袋に「××年××月以降、廃棄可」と書いておいた。しかし、実際には、その時期を過ぎても処分を忘れていることが多かった。とくに、キャビネットの奥に格納されていたり、水平に置いて別のものが上に積み重なってしまった場合などには、そうである。

　こうした問題に対処するには、定期的に書類の総点検をして、不要になったものを処分すればよい。実際、企業では、「書類整理週間」を作ってこの作業をやっている。しかし、こうした後ろ向きで締切り期限のない仕事は、とかくあと回しになる。忙しいときには、緊急の仕事を片付けるのに精一杯で、とても不要書類の点検などやっていられない。

その結果、キャビネットの中は数年前の不要な書類ばかりということになる。そして、こうした書類がスペースを占拠しているために、その後に発生した書類の置き場がなくなり、机の上に乱雑に積み重ねざるをえなくなる。

書類や資料の大部分は、いつかは不要になる。仕事の内容が変わり、昔必要だったものはいらなくなる。また、昔の資料やデータは、古くて使いものにならなくなる。だから、時間をかければ、廃棄の判断はしやすくなるのである。

押出しファイリングでは、使わなかった書類が自動的に選別されて右側に集まってくる。これらについての廃棄の判断は、多くの場合に容易である。なぜなら、一般に、一定期間に一度も使わなかったものは不要であることが多いからである。つまり、押出しファイリングは、時間というフィルターで濾過して、廃棄可能性を判定しやすくしている。「保存ゴミ」が本当のゴミになるまで、それらを「醸成」させているのである。

＊ コクヨ『ファイリングがオフィスを変える』三八、六二頁。

エントロピー増大法則に挑戦

図書館方式で整理すると、最初は書類が整然と並び、すばらしく効率的なシステムができたように思う。しかし、メンテナンスが難しい。適切な項目がないので、とりあえず「その他」に投げ込む。あるいは、分類が厄介なために、とりあえず机の上に積み重ねる（「家なき子」の発生）。分類、整理して格納しても、そのうち、置き場は一杯になるから、あとから発生した書類は机の上に山積みになっていく。

問題は、それだけではない。もっとも深刻なのは、使ったファイルの後始末だ。人間のごく普通の心理として、書類を探すときは一所懸命になるが、見つかると安心してしまって、使用後の処置がおろそかになる。そのまま放置したり、適当な項目に入れたりする。これはファイルの「家出」現象である。図書館方式では、ファイルが家出してしまうと、もはや検索できなくなる。こうして、理想的だったはずのシステムは、時間とともに徐々に崩壊していく。物理学で体系のデタラメさを表す指標を「エントロピー」というが、これがどんどん増大していくのだ。

これに対して、押出し方式では、時間とともに秩序ができ上がっていく。システムを発足させてしばらくは、ファイルは必ずしも時間順に並んでいないから、時間順検索はうまく機能しないかもしれない。しかし、事態は徐々によくなる。

時間があるときに、不要なものを捨てたり、類似のファイルをまとめたりする（複数の封筒をダブルクリップで挟んでおくとよい。なお、色付きのダブルクリップがあるので、用いると便利である）。分類している場合には不要ファイルの点検は項目ごとに行なわなければならないので厄介だが、押出し方式では、古いものは一定の範囲にあるから、チェックは楽である。こうした作業に特別の時間を割かなくとも、あるファイルを求めて検索していくときに、気がついたら、ついでに他のファイルも点検しておく。そして、重要なものを左に移しかえたり、似たものをまとめる。

こうして、右側には永久保存の、しかし使わない書類(「神様」書類)が集まり、左側には最近頻繁に使っている書類(ワーキング・ファイル)が集まり、そして中間にはまだ判断がなされていない書類(「保存ゴミ」)がある、という状況になっていく。つまり、システムは時間をかけて次第に整備されていくのだ。

しかも、この分別作業は、本来の仕事の中で、無理なくできる。気がついたときに部分的に点検することもできる。このように、点検、組替え、廃棄などの作業が容易にできるという点は、この方式の重要な利点だ。分類してしまうと、点検作業は一斉に、大がかりに行なう必要があり、ついおっくうになる。そして、使わなくなった項目はアクセスされないから、放置されがちである。こうして、使わない資料が残ってスペースを占拠する。

また、押出し方式は、内容が固定できずつねに変化するような仕事にも、柔軟に対応する。これも重要な特徴だ。

それでも説得されない人に

以上で述べたように、押出しファイリングに難しいところは何もない。「分類しない」ことに対する恐怖心さえ捨てればよいのである。そして、それを捨てることは、これまで詳細に理由を述べてきたように、合理的なことである。

しかし、これだけ述べても、まだ説得されない人もいるかもしれない。そうした人々に対しては、つぎのようなアドバイスをしたい。

(1) ワーキング・ファイルを収納

第一は、とりあえず、ワーキング・ファイルについてやってみることである。すでに分類整理してある書類には、手をつけない。そして、新しいものでその分類に入るものは、入れてもよい。ただし、机の上に散らばっている書類は、とにかく封筒に入れて、本棚に立てる。つまり、これまでは「家なき子ファイル」になっていたものを、とりあえず対象にするのである。これだけで、机の上はかなりきれいになるし、仕事がしやすくなる。

そして、これをしばらく続ければ、押出し法が実際にはきわめてよく機能することが納得できるはずである。

(2)「神様ファイル」の祭り上げ

第二は、神様ファイルと認定されたものについては、内容分類して図書館方式で保存することである。本来の神様でなく、その予備軍の段階でもよい。これで、「分類しないこと」の恐怖はやわらぐだろう。

神様ファイルは、かなりの期間にわたって濾過されているから、類似ファイルがまとまっていることが多く、分類項目はおのずと明らかだろう。少なくとも、流動的に変わるということはない。また、あまり頻繁に使うものではないから、箱に収納してしまってもよい。コンピュータで目録を作ることも考えられる（必ずしも必要ではないが）。

重要なのは、以上二つの作業の緊急度の差である。⑵の作業は、急がない。いつやってもよい。それに対して、⑴は、ただちに実行されることをお薦めしたい。普通の人は、ワーキング・ファイルについて「いつか整理しよう」と思いながら放置し、神様ファイルの扱いに時間をさいている。これを逆転させることが必要だ。

ワーキング・ファイルは、頻繁に使用する「活性ファイル」である。これに対して神様ファイルは、あまり使わない「不活性ファイル」である。後者を綿密に分類して保存するより、前者へのアクセスを容易にすることを優先しなければならない。

山根式との違い

山根一眞氏は、封筒に書類などを入れてタイトルの五十音順に格納し、タイトルで検索する、という方法を提唱している。[*1] 封筒によるファイリングを行ない、本棚に並べるという点では、これは押出し方式と同じ外見を呈している。また、「内容による分類をしない」（正確にいうと、ファイル単位の小分類だけで、中分類、大分類がない）という点でも似ている。

しかし、検索の考え方は、非常に違う。山根式は分類項目名を検索のキーにしているが、押出し方式は時間軸をキーに用いている。したがって、基本的な発想がまったく異なるのである。

山根式は、序章で述べた「こうもり問題」や「その他問題」が発生しないという点で、優れた方法だといわれる。私もそう思う。また、分類の必要がないので、簡単にできる点も魅力的だ。この方法には、支持者が多いようである。

しかし、私の考えでは、次の二点が「泣き所」だ。

(1) 最大の問題は、分類項目の命名法にある。ある資料につけたタイトルを忘れてしまうと、序章で述べた「〈君の名は〉シンドローム」が発生し、その資料を検索できなくなってしまう。

山根氏は、「最初に思いついた言葉をタイトルに採用する。その固有の発想思考回路はそう簡単に変わるものではない」というが、果たしてそうであろうか。[*2]

たとえば、政府の景気対策についての資料を格納する分類項目名としては、景気、経済対策、マクロ経済、補正予算、等々の候補が「すぐに思いつく」。これらのどれを用いるか。これには、はっきりしたルールがなく、タイトルの選択は恣意的である。そのため、どれを選んだかは、しばらくすると忘れてしまう。少なくとも、私ならそうである。

(2) 古い資料の処分は各項目ごとに行なわなければならない。これはかなり面倒である。したがって、必要のなくなった資料や書類がスペースを占拠することになりやすい（山根氏は十年に一回大整理をするとしている）。

＊1　山根一眞『情報の仕事術2　整理』日本経済新聞社、一九八九年、二二―五八頁。

＊2　同、五二頁。なお、林晴比古氏が、ここで述べたのと同じ批判をしている（『パソコン書斎整理学』ソフトバンク、一九九〇年、二四頁）。

2　押出しファイリングの実際

気楽にまとめる

封筒に入れる一群の書類を、本書では「ファイル」と呼んでいる。これは、仕事の基礎単位であり、いつもまとまって使用するものである。

どのくらいのまとまりを単位ファイルにするかは、人により、また場合によって異なるだろう。私の場合、通常は五枚から二十枚くらいの紙が一つのファイルを形成している。しかし、紙一枚だけが封筒に入っていることもある。「タイトルがつけられるもの」という程度で、気楽に考えればよい。だから、数日間のファクス文書や雑資料などを封筒に入れ、タイトルは単に日付だけということでもよいのである。

会議資料などは、そのままで単位ファイルになっている。会議場に封筒が用意されていれば、不要書類を捨て、日付とタイトルを書けば、そのまま押出しファイリングに直行できる。

本棚を使った押出しファイリング
右下の棚が出発点なのでゆとりをとってある

新聞切抜きなどは、当初は内容いかんによらず、時間順にまとめる。切り抜くのは一週間おきくらいだろうから、そのときの分を一つの封筒に入れる（多すぎれば複数の封筒に）。同一テーマで一定の分量があれば、そのテーマでまとめる。とりあえず時間順に放り込んでおいて、あとで分け直してもよい。このあたりは、融通無碍（ゆうずうむげ）である。転勤や住所変更の通知なども、一月分くらいをまとめて封筒に入れておき、あとで整理する。

ほかに類似の項目があることが分かっていても、それを探してから入れるより、とりあえず格納することを優先させる。時間があるとき、あるいは検索のついでに、類似のファイルをまとめる。こうして次第にシステムを改善していく。このような点検作業は、やってみると、なかなか楽しい。

押出しシステムを最初に出発させるときには、一挙に大量のファイルを作らなければならない。このとき、机の上に分類の山を作ってから、というようなことはしない。とにかくファイルとしてまとまるものは片っ端から最少単位で封筒に入れる。すでに述べたように、時間がなければ、とりあえず立てるだけでもよい。

普通の整理法では、まず秩序を作ってから収納する。それに対して、押出し方式では、まず収納して、あとで秩序を作る。何も考えずにとにかく収納し、処置はあとでゆっくり考えるのである。この点は、きわめて重要だ。

封筒を並べる順序として、新しいファイルを左右どちらに置くか。私は、検索する場合、右手で伝票をめくるように新しい封筒から順に見ていくので、左に新しいものを置くほうが便利と思う。しかし、どちらを取るかは個人の好みで、自由である。

理想的な入れ物・封筒

このシステムでは、A4判の書類を想定し、角型二号封筒を基本的な入れ物にしている。形を「規格化」するのである。規格化することの重要性は、ほとんどすべての整理法の本が指摘している。

形が小さくとも重要なものがあるが、入れ物の大きさを規格化することによって、他のものと同格に扱える。

内容物がこぼれ落ちないように、封筒は縦に（つまり、口が上を向くように）置く。倒れないように、適当な分量の封筒を本棚に入れる。もしスペースが余るなら、本などをダミーとして入れてもよい。

要は大きさの統一であるから、封筒でなくともよい。私の場合、試験問題の控えや海外出張の記録などは、バインダーで綴っていた。しかし、これに綴じ込む作業は面倒だ。追加の紙は、つい挟むだけになってしまう。すると、落ちる。これは、きわめて危険なことである。だから、これらも、新しいものは封筒に移行した。本などは、そのまま裸で入れてもよい。重要な書類はプラスチックの透明ファイルに入っているものもある。

薄いものを角二封筒に入れずに収納すると、周りの封筒に隠され、見えなくなってしまう危険がある。見逃したくないものは、人為的にある程度の厚さにする必要がある（紛失しないための秘訣は、大きくすることだ。鍵をなくす恐れがあれば、一つでもキーホルダーに入れるように。この点からすると、パスポートのサイズが小さくなったのは問題である）。

従来は、官庁のB判書類の処置に困っていた。審議会の資料など、量が多いので、かさばってどうしようもない。A4判への移行は、最近の快挙である（この移行の通知がB判で来たのも、役所としてはできすぎのジョークであった）。雑誌では、いまでも変形サイズのものがある。自己主張は、大きさでなく、内容でしてほしいものだ。

封筒に辿りつくまでは、何十年もの間、試行錯誤を繰り返した。文房具店にいくたびに新しいファイリング用具を買い込んだ。しかし、どれも満足できるものがない。あれだけ多種多様なフォルダー、バインダー、クリアファイルなどが発売されているのに、驚くべきことである。たとえば、ドキュメント・ファイル（または、エキスパンディング・ファイル）という、中が仕切られてアコーディオンのように伸び縮みするファイルがある。私も、もの珍しさでいくつも買ってみたが、結局使えずに全部捨ててしまった。なぜあのようなものが必要か、いまだに理解できない。

結局、「幸福の青い鳥」と同じで、理想的なものは手近にあったのである。内容物が落ちない、出し入れが簡単、大量に使える、タイトルを書くのが容易、といった条件をもっともよく満たすのは、紙の封筒である。入れるという機能だけに徹しているので、もっとも優れている。設計者の恣意的な判断で余計なものをつけると、使用者はそれに束縛される。余計なものが一切ない、最低の機能に特化したものがもっとも使いやすい（封筒でも、蓋をとめるひも付きのものは、止め金が収納のときに邪魔になる）。文房具店にあるファイリング用具は、どれも「小さな親切、大きな迷惑」の見本のようだと、私は思う。

封筒は、前記のほかに、つぎのような優れた特性を持っている。

(1) ファイル単位のまま、鞄に入れて持ち歩ける。外での会合や研究会が多い人、仕事場が複数になる人には、これは非常に便利だ。ファイルの持ち歩きには、このほうがドキュメント・ファイルより遥かに効率的である。

(2) 入れ物としての柔軟性がある。紙が一枚でも、ファイルとしてまとまる。また、ダブルクリップで挟むだけで複数のファイルが容易に統合できる。

ファイル・ボックスというものがある。これは、本来はフォルダーを中分類単位でまとめる箱だが、フォルダーを使わずに書類をそのまま入れると、書類が少ない場合、うまく立たない。また、余計なスペースをとることにもなる。このため、ファイルを収納する容器としては、きわめて使いにくい。これは、アタッシェケースが使いにくいのと同じ理由である。

一般に、入れ物は、柔軟なほうがよい。使わないときや内容物が少ないときは小さくなり、内容物が多くなっても対応できる必要がある。風呂敷愛好家が多いのは、この理由による。封筒は風呂敷と似た性質を持つ入れ物なのである。

(3) 単価が安い。コストをかけずに大量のものを惜しみなく使えることは、「家なき子ファイル」をなくすために必須の条件だ。一個何百円もする入れ物では、心理的なバリアが高くなる。

私は、使用済みの封筒を用いている。夥しい量の定期刊行物が毎日郵送されてくるので、供給源は枯渇しない。このため、文房具メーカーにとっては申し訳ないが、新規需要の創出効果はゼロである（私が封筒を使うようになったのは、定期刊行物を処理するかたわらで、新聞切抜きを整理していたからである）。

私のケースはやや特殊と思う。しかし、会社に勤めている人なら、会社に来る郵便物の封筒を使えばよい。新品の社用封筒を失敬するのは具合が悪いだろうが、捨てている使用済み封筒の再利用なら、構わない。文書担当の人に頼んで、角二の丈夫な封筒をとっておいてもらう。学生諸君の場合は、この目的だけのために、どこかの企業にアルバイトにいってもよいくらいだ。

使用済み封筒なので、封の部分は切られている。新しい封筒を使う場合も、形をそろえるため、封の部分は切ってしまう。また、出し入れが簡単なように、タイトルを書く面をさらに切り込んでもよい。

封筒の品定めをすると、最低なのは某省の再生紙封筒だ。手ざわりが悪く、とても大事な資料を入れる気にはならない。再生紙は本当に省資源なのだろうか。丈夫な紙で作って、それを封筒のままで再利用するほうがよいのではなかろうか（私は、コピーの反故（ほご）をメモ用紙にしているが、これも、元の紙が再生紙でないからできることだ）。イギリスから来る封筒も紙質が悪くて、大英帝国没落のわびしさを感じる。逆に、某研究所の青い封筒と某出版社（残念ながら中央公論社ではない）の白い封筒は、いずれも丈夫で、ほれぼれするほどだ。

封筒の唯一の問題は、見場が悪いことだろう。もともと、見せるためでなく、使うためのシステムだから、どうでもよいことであるが、貧乏くさいと感じる人がいるかもしれない。もちろん、これは好みの問題だ。私はまったく気にならない。それどころか、ある種の機能美を感じる。

「色別」せよ！

日付とタイトルは、裏面の右肩に書く。縦に並んだ封筒をめくるようにして検索したときに、すぐ見えるようにする。必ず日付を入れる（一般に、書類には必ず日付を入れるものだ）。年も入れておかないと、後で分からなくなる。

タイトルについて、ルールは作らない。作るとかえって窮屈になる。複雑なルールを作っても、忘れてしまう。分かりにくければ、あとで書き足せばよい。

コンピュータ・ファイルの場合には、名前を組織的につけておかないと、あとで検索しにくい（これについては、第二章で述べる）。しかし、封筒の場合には、人間が調べているので、かなりいい加減な名前でも分かる。逆に、名前をシステマティックにしたところで、検索のスピードが上がるわけではない。

検索を容易にするには、他の面でいくつかの工夫をしたほうがよい。とくに、色分けをすると識別しやすくなる。たとえば、重要資料は封筒の背の上端に赤を塗る（重要でなくなったら、切り取る）。永久保存（になりそうなもの）は、下に赤。住所録・名簿は青印。要返信書類は、赤い封筒に入れる。自分関係のものは青い袋に入れる。自分の写真は、青い袋で下に赤、等々である。このようなルールはすぐ忘れてしまうけれども、本棚を見れば実例があるから、すぐ分かる。

「色別」のためには、色付きの封筒が欲しい。使用済みの封筒の一つの利点は、さまざまな色の封筒があることだ。目立たせるためには、赤い封筒がよいのだが、さすがに送られてくる封筒では少ない。文房具店をかなり探したが、私が見つけられたのは、銀座の伊東屋で売っていた高春堂製のパステルピンクのものだけである。プラスチックのクリアファイルは色付きのものが沢山製造されているが、内容物が落ちないように縦型になったものは少ない。また、プラスチック製だと、タイトルなどが書きにくい。本当は、丈夫な紙製が欲しい。多種多様なファイリング用品が売り出されているのに、封筒の種類は信じられないほど貧弱だ。多分、単価が安いために、メーカーは生産意欲がわかないのだろう。

本棚を使う

格納場所は、本棚がよい。ファイリング・キャビネットは、駄目である。私の場合、本棚を背に机を配置し、うしろを向けばすぐに手が届くようにしてある。これが一番能率的だ。個々の住宅・事務室事情や、好みにあわせて配置すればよいが、要は、座ったままで手が届くことだ。普段の作業との間に不連続性があってはならない。

本棚の区画を複数用いる場合、ワーキング・ファイルを一番作業しやすい位置に置く。スペースはできるだけ十分にほしい。なぜなら、最後に来るまでに十分な「醸成時間」がかかり、捨てる判断がしやすくなるからである。私は本棚の数区画を使い、延べ五メートルくらいになっている。しかし、二メートルくらいあれば、十分運営できるだろう。

一挙に大量の書類が入ってくる場合に備え、つねにスペースに余裕をもたせる。このため、気がついたとき、不必要な書類を捨てる。これは、検索のついでにもできる。

オープン・ファイル方式の唯一の欠点は、ほこりに弱いことだ。ただし、封筒に入れることで、ある程度は保護されている。なお、使わないが長く保存するもの（「神様ファイル」）は、ほこりがかからないよう、箱などに入れてガードする必要があろう（神様は、もともと使わないファイルだから、本棚から取り出して箱などに収納してしまってもよい）。

オープン・ファイルは、「見場」も良くない。しかし、書斎や研究室は作業場であって、応接室ではないのだから、気にする必要はあるまい。また、「見場」はある程度、趣味の問題だ。私はスチール製の無愛想で醜悪なキャビネットよりは、ずっと好きである。

なお、不要書類をどんどん捨てるために、大きなごみ箱が必要である。捨てる量にもよるが、普通のごみ箱ではだめだ。私はプラスチック製の頑丈な収納箱（六九頁参照）を転用している。

ただし、必要なものが落ち込まないように、机の下に潜り込ませてある。

キャビネットはブラックホール

一九五〇年代、アメリカが光り輝いていたときのことであるが、ファイリング用のスチール・キャビネットのことを本で読んだ。その当時、こうしたものは、日本にはなかったように思う。アメリカ映画をみると、秘書がキャビネットから必要なフォルダーをただちに取り出すシーンがある。なんと効率的なのだろう。私自身も、初めてアメリカに行ったとき、大学の留学生事務室で、私の一件ファイルが即座に引き出されるのをみて、感激した。

梅棹忠夫氏は、家庭でもキャビネットを使えといっている。*私も買い込んだ。最初は、アメリカ並みの事務器を買ったと感激したものである。しかし、うまく使えなかった。書類はただ溜まっていくだけで、捨てられない。そのうち、キャビネットは一杯になるから、書類が机の上に山積みになっていく。理想的だったはずのシステムは、時間とともに崩壊していく。ここでも、「エントロピー増大法則」は正しかった。

ファイリング・キャビネットの中を点検してみると、何年も前の、不要になった資料、書類が大量に残っているはずである。キャビネットは、分類が固定しているルーチンワークの業務に使うものであり、個人用には適していない。個人が使うと、キャビネットは、ほぼまちがいなく、

私の失敗(2)　研究室内の遺跡

私の大学研究室は、かなりスペースが広い。だから、ファイリング・キャビネットをいくつも置ける。資料保存については、誠に恵まれた条件にあるといえよう。しかし、実際には、これが裏目に出た。

資料を整理してキャビネットに入れたのだが、いつの間にか忘れてしまう。外からは見えないので、いったん忘れると、そのまま放置してしまう。信じられないことであるが、資料を保存したことさえ忘れてしまうのである。キャビネットそのものは毎日見ているのだが、風景の一部に溶け込んでしまって、意識にのぼらない。そして、同じような資料を別に集めたりする。

何かの機会に、昔整理したファイルが整然と残っているのが発見される。まさに、研究室内の「遺跡」である。■

書類のブラックホールとなり、モルグ（死体置場）になる。

キャビネットは、引出しを開けるという動作が必要だ。この手間を馬鹿にしてはいけない。普段の作業との間に一線があるために、放置されてしまうのである（このことは、本棚についてもいえる。ガラス戸のある本棚は使えない。これは、保存用の陳列棚、かざり棚である）。

つねに書類が見えていると、とくに努力しなくとも、不要なものを処分できる。自分が保存している書類はこれだけだと、一覧できることが重要である。

通常のキャビネットが「押出し方式」に向いていないことは、明らかだ。古いものは奥に押しやられる。点検して捨てるためにこれを取り出すのは、かなり面倒だ。もし、どうしてもキャビネットを使うのであれば、横型のもの（ラテラル・キャビネットという）を使い、本棚の場合と同様に書類を横に並べる必要がある。

私の考えでは、多くの人は、本棚とキャビネットの使い分けをまちがえている。本棚の便利な場所に、使わない本が鎮座している。部屋の装飾のためならいいが、利用が目的なら、本棚には書類を並べるべきだ。そして、キャビネットは、重いものが入ってもスムースに動く点が最大の長所なので、写真集などの重い本やアルバムなどを入れる容器に使うほうがよい。

＊『知的生産の技術』九一頁。

例外なしに収納せよ

名簿・住所録、カタログ・マニュアルなどは、他の書類と区別して、別の場所に置く人が多いだろう。また、文献や論文のコピー、資料などは、事務的な書類とは別のところに置いてあるだろう。これらを他の書類と交ぜてしまうことには、不安がある。時間順に並べるとしても、「ある程度の分類をして、その中で時間順に並べたらどうか」といわれるかもしれない。少なくとも、事務的な書類と研究用のデータ、資料は分離すべきではないかと。事実、私自身も、他の書類についで押出し方式を始めたのちも、名簿とマニュアルは例外にし、別の場所に置いていた。

しかし、そうすると、使わないものが捨てられずに残ってしまう。実物をとうの昔に捨てたのに使用説明書が残っていたり、データが古くなって使えなくなった名簿が残る、といった事態が発生する。

そこで、住所録、マニュアル、説明書類などについても、例外を一切作らず、他の書類と同じポケットに入れるほうがよい。重要なことは、角二の入れ物に入っていることだけである。私は、パスポートも、このシステムに入れてある。

これらの検索を容易にするには、封筒の背中の色で区別すればよい。要するに、検索の第一キーはあくまでも時間軸とし、住所録、カタログなどという区別は、第二キーにするほうがよいのである。

また、どうしても紛失したくないものは、特別の入れ物（たとえば、プラスチックのファイル）に入れて、点検したときに左に置き直せばよい。ポケットを一つにすることで目に触れるチャンスが増えるので、重要物紛失の危険は、むしろ減少する。

パスポートを金庫にしまっていたことがあるが、考えてみれば不合理なことであった。そのときは、盗難を恐れていたのかもしれない。しかし、侵入者は、押出しファイリングのどこに重要なものが入っているのか、まるで分からないだろう。重要書類のありかが本人には分かっているが、他人にはまるで分からないという意味で、このシステムはもっとも安全な保管法でもある。

「重要なものを隔離して、見えないところに収納する」というのは、動物でも行なっている本能的行動だ。人類は、現在にいたるまで、この本能を引きずっている。しかし、文明的生活を享受できる人間にとっては、この本能は、もはや必要ない。現代人は、「重要なものほど目につく場所に置く」という原則にしたがうべきなのである。

「すぐやる」問題

すぐに返事すべき手紙、すぐに処理しなければならない書類をどうするか？　目立つように机の上に出しておくべきか？　これは、かなり難しい問題である。

個人差もあるだろうが、一般に、ファイリング・システムに入れてしまうと、それで安心してしまって、取り出さない傾向がある。このため、未処理書類、要返信書類などが忘れられてしまう危険がある（ように思われて心配である）。しかし、机上がちらかる元凶がこれらであることも、まちがいない。すでに述べた「家なき子」ファイルは、大部分がこれである。そして、これらを、「すぐやらない」で、結局どこに置いたか分からなくなることも多い。

したがって、私は、これらについても、押出しファイリングに入れて、「ポケット一つ原則」を貫くほうがよいと思う。ただし、封筒の色で区別する。要返信などの「すぐやるファイル」は、赤い封筒に入れて、頻繁にチェックする。これは、すぐに習慣になる。キャビネットと違って、オープン・ファイルでは封筒がつねに見えているから、重要なものを処理し忘れるということは、ない。

場所がない人のために

押出しファイリングを行なうためのスペースを確保できるか？　日本の住宅事情、オフィス事情を考えると、多くの人にとってこれは深刻な問題だろう。職場の机は狭いだろうし、専用の書架などないかもしれない。また、自宅でも、書斎を持てない人が多いだろう。だから、押出し方式を実行しようとしても難しい、といわれるかもしれない。

しかし、空間の制約は、どんな方法をとっても生じる問題なのである。むしろ、押出し方式は、不要な書類を捨てやすくすることによって、空間を節約している。

とはいっても、どうしてもスペースがないときは、どうするか。こうした場合には、日曜大工店で売っているプラスチック製の頑丈な収納箱（三一×四七センチ、深さ一八センチ）を買ってきて、これをワーキング・エリアとすることをお薦めしたい。蓋は外して、角二の封筒を縦に入れる（ただし、このままだと底が滑って封筒がうまく立たないので、底にボール紙を敷く）。この箱を、普段はどこかに収納しておいて、必要なとき持ち出せばよい（書類が一杯になればかなり重い。しかし、これは止むをえないだろう）。

ここに入り切らないものは、基本的には捨てるしかない(「神様ファイル」であれば、別の箱に入れて収納する)。

押出し方式が適切でない対象

押出しファイリングは、個人用である。この方式で用いる「時間順」という検索キーは、個人の記憶である。「いったん使って最新順位に戻した」ことなど、他人には分からない。だから、本人以外の人が見れば、さまざまな封筒が脈絡もなく並んでいるだけである。まったく検索できないわけではないが、かなり面倒だろう。不特定多数の利用者を相手にする図書館で採用できないのは、明らかである。一家の中でも、共通書類には使えまい。会社の課内でも使い難いだろう。こうした場合は、共通の分類項目で検索する図書館方式が必要である(もっとも、押出し方式がまったく機能しないわけでもない。封筒の色分けなどでジャンル分けすれば、場合によってはかなり使えるかもしれない)。

また、押出し方式が威力を発揮するのは、「非定型的な情報処理」である。定型的な業務は、内容分類を行なう整理法のほうが効率的である。たとえば、病院で患者のカルテと経理用の書類を一緒にして時間順に保存することなど、考えられない。企業の従業員ファイルや顧客管理ファイルなども、名前の五十音順などで管理する必要があろう(ただし、定型的な業務でも、「使わなくなったファイル」を分別することは有用である。銀行では、一定期間にアクセスされない口座を「不動口座」として、別に管理しているようである）。

個人用の場合にも、「決して捨てないもの」については、別のシステムが適用されてよい。私の場合、自分が書いた論文は、「ポケット一つ原則」の例外とし、「検索簿方式」（第三章参照）で保存してある。

3　名刺も時間順に

分類するな、ひたすら並べよ

名刺の整理も、多くの人が頭を悩ましている問題だろう。

これについても、時間順方式がもっとも効率的である。つまり、保存する名刺は、氏名や所属先による分類を一切せずに、一月ごとにまとめてダブルクリップで挟んでおく。そして、数か月してから、さらに保存が必要なものを選別してコピーをとり、時間順にファイルにとじる。これによって薄くなるし、一覧性も増す。この際も、分類は一切しない。ただし、重要なものは、赤印でかこうなど、「色別」して目立ちやすくする。そして、実物は原則として捨てる（特別のものは、捨てずに保存してもよい。これは、「神様名刺」であり、名前を忘れることはない人々だから、名前の五十音順に保存するのがよいだろう）。

ほとんどすべての整理法の本が、名刺はくくるだけでは駄目だという。しかし、その「駄目な方法」を私は意識的に採用しているのである。

なぜ、これがもっとも効率的か。その理由は、押出しファイリングの場合と同じである。つまり、最近のものを多用するからだ。というより、実は、名刺に書かれている情報は急速に陳腐化するため、古い名刺は役に立たないのである。

なぜ、陳腐化するか。それは、所属や肩書が変わるからである。日本の企業では、三年程度たてば、たいてい異動がある（官庁ではもっと短い）。名刺をもらった時点は異動直後とは限らないから、平均すれば一年半程度で名刺の情報は使えなくなってしまう（自宅住所はもっと有効期間が長いが、普通、名刺には勤務先の情報しか書かれていない）。

時間順方式で保存すると、古い名刺は検索しにくくなるが、それでよいのである。検索できても、役に立たないことが多いからだ。

これは、考えてみれば当然のことだ。しかし、これも、「考えて初めて当然と分かること」である。実際、私自身も、このことを従来からうすうす気づいてはいたが、明確に意識して、理由を理解したのは、比較的最近だ。

そもそも、「名刺をデータとして活用する」という考えがまちがいなのだと、私は思う。名刺は、手頃な大きさに統一され、しかもカードという格納しやすい形態になっている。だから、誰しも、「これを使ってデータバンクを構築しよう」という誘惑にかられる。実際、整理法の本を読むと、「名刺は人情報の基礎」などと書いてある。しかし、そのための努力は、ほとんど無駄なのである。苦労して名刺を整理しても、一年半程度しか有効に使えないのだ。ギリシア神話に出てくるシジフォスは、神の刑罰によって岩を山の上まで運び上げるのだが、頂上に達したとたんに岩はころげ落ち、かくして彼は無限に同じ労苦を繰り返す。名刺整理のための努力も、これと同じである。

それに、名刺は検索できなくとも致命的なことにはならない。電話番号などは、既製の名簿や番号案内で分かるからだ（パソコン通信が使える人には、「NTTエンジェルライン」という通信ソフトが便利である）。

名刺の最大の効用は、初対面のとき、口頭では分かりにくい相手の名前を文字として確認できることにある。外国人相手の場合には、ことにそうだ。このような割切りが必要と思う。

もちろん、頻繁に連絡する相手については、名簿を作成しておくことが便利だろう。このためには、電子手帳が便利である。

私の失敗(3)　1件25万円の名刺検索

コンピュータのカードソフトを使う名刺整理は、一見していかにも効率的なようにみえる。しかし、実際にやってみると、誠に意外なことに、そうではなかった。

まず、外出先では使えない。コンピュータのそばにいても、たった一人の電話番号を探すだけのために、わざわざ検索ソフトを起動するのは面倒だ。隣町に行くのにジェット機を使うようなものなのである。それよりは、電話番号案内に問い合わせたり、既製の名簿をみるほうがずっと早い。ソフト起動の煩わしさから逃れるには紙に印刷しておけばよいが、手軽に見られる半面で、検索は難しい。

おもむろにソフトを起動して検索しても、電話番号だけでファクス番号がない、入力ミスがある、などの事故が多発する。あるいは、検索したいその人だけが、どういうわけか入力されていない。

そして、いかにコンピュータを使っても、「名刺情報が急速に陳腐化する」という問題は克服できない。本文で述べたように、名刺に書かれた情報の有効期間は、平均して1年半くらいなのである。苦労して入力し、わざわざ仕事を中断して検索しても、大部分のデータが古くて使いものにならないのだ（しかも、名簿の更新作業は、新しく入力するよりずっと手間がかかる）。

1000人以上のデータを入力したが、いま思い返すと、このシステムで検索したのは、わずか数人であった。つまり、作っただけでほとんど利用しなかったのである。私の友人のある大学教授は、名刺整理を75万円の人件費をかけて行なったが、検索したのはわずか3件で、結局1件あたり25万円かかったことになる、と述懐していた。私の場合も、似たような状況であった。↖

最近は名刺読取り機が開発され、入力が半自動的に行なえるようになった。しかし、私はまったく興味がない。当初の入力時にはこれで良いかもしれないが、更新作業は別途手作業で行なわなければならず、そして、これはほとんど不可能だからである。■

シジフォスの戦い

名刺整理に関しても、私は失敗の歴史を続けた。さまざまな方法を試みたが、すべて「賽（さい）の河原の石積み」であり、「シジフォスの戦い」であった。その過程を振り返ってみよう。

名刺フォルダーは、ある程度以上のスピードで名刺が増える場合には使えないので、当初から論外であった。また、氏名の五十音順が駄目なことも明らかである。どこの会社かは覚えているが氏名は忘れた、という場合が多いからだ。そこで、ごく常識的に、勤務先別分類を行なっていた。

しかし、勤務先別分類にも、分類に伴うさまざまな問題が生じる。特定の官庁や企業のみが増えると、細分化が必要になる。すると、ブティック分店に伴う在庫引継ぎ問題が生じる。逆にあまり多くないときは、産業別などであらくくくる必要がある。ここでは、こうもり問題が発生する。「金融機関の系列シンクタンクは、金融機関かシンクタンクか」といった問題だ。これらについて恣意的に分類すると、あとで検索できなくなる。

会社名の五十音順で並べることが考えられるが、これにも問題がある。まず、「日本」とつく社名、組織名が非常に多い。では、「日本」を省略すべきか？　すると、日本銀行はどうなる？　日本生命、日本信託、日本航空は？　といった問題が生じる。また、日本放送協会かNHKか、英国大使館かイギリス大使館か、それとも British Embassy か、という問題もある。つまり、五十音順なら確実に分類できるかというと、必ずしもそうはいかないのである。

最大の問題は、すでに述べたように、異動によって名刺情報が陳腐化することだ。整理法の本には、「定期的に点検して古い名刺を処分せよ」と書いてある。しかし、勤務先別にせよ五十音順にせよ、分類してあると、古い名刺を選別するには、すべての項目についていちいち点検せねばならず、膨大な労力が必要になる。

分類に伴う問題を解決するには、電子的なファイルにして、コンピュータで検索すればよい。私は、パソコンを使うようになってから、アシスタントを頼み、大変な労力を使って、名刺データベースの構築を試みた。しかし、これは、みごとに失敗し、パソコンによる名刺処理は、結局のところ、断念した（「私の失敗（3）」を参照）。

こうして、しばらく名刺の整理はお手上げ状態であった。しかし、何もせずに放置するよりは、せめて最近のものだけでもまとめようとしたら、これが意外にうまく機能したのである。さまざまな遍歴を経て、もっとも原始的な方法に辿りついたことになる。

その後、東京大学工学部三浦宏文教授から、まったく同じ方法を恩師から伝授されて行なっているという話を伺った。また、慶応大学経済学部の島田晴雄教授も時間順方式であった（最初に述べた、「まとめてコピーをとる」という方法は、島田教授に教えていただいたものである）。そこで、よく考えてみると、この方法は、単なる「ものぐさ整理法」ではなく、合理的なものであることが分かったのである。

なお、外国出張の際にいただく名刺は、旅行中持ち歩いているファイルに糊で貼り付けてある。これは、あとで礼状などを書くときの参照が便利だからである。

名簿としての電話元帳と手帳

私は、電話のそばに、メモ用のノートをおいてある。自分が受けなかった電話は、必ずここに書いてもらう。もちろん、これは電話の内容のメモであるが、同時に電話番号簿としてもかなりよく機能する。このためには、必ず相手の電話番号を聞いておかなければならない（秘書の第一の心掛けは、相手の番号を聞くことである。逆にいえば、相手の秘書から番号を聞かれたときに、「知っているはずだ」と反応してはならない。あるアメリカの団体に電話したとき、相手が不在で、こちらの電話番号を聞かれた。実はその電話は、向こうからかかった電話への返事だったので、「番号は御存知のはず」と答えたところ、「ルールだから」といわれた。これは正しい対応である）。

このメモは、大学ノートに時間順に書いていくのがもっともよい。何の分類もせずに、ひたすら時間順に書いていく。これも、時間軸で簡単に検索できる。必要なことは、日付を絶対忘れずに記入しておくことだ。

電話内容のメモを紙切れに書くと、紛失する危険が非常に強い。右で述べたノートは電話メモの「元帳」であり、それを電話のそばから動かしてはならない。仮にほかの紙片に書いた場合には、すみやかにここに貼り付けておく。ほかで使う必要があるなら、ここから書き写して使う。私は、ノートを何冊も糊付けして連結し、三年分くらいを一緒にしている。大きくしておけば、在りかがすぐに分かるという利点もある。

また、スケジュール表としての手帳も、電話番号簿に使える。電話で連絡を受けたとき、必ず相手の電話番号を聞き、手帳の該当箇所に書いておくのである。これも、あとから日付で検索できる。

重要な相手の場合には、第二章の2で述べる「業務日誌」にも書くようにしたらよい（正確な日付を忘れても、氏名や会社名で検索できる）。

4 本の整理は可能か

雑誌をそのまま押出しファイリングに入れると、あっというまに置場がパンクしてしまう（これは、私の特殊事情だが、大量の雑誌、広報誌が毎日送られてくる）。重要な記事があれば、切り抜いて押出しファイリングに保存するが、通常は、「水際作戦」をとる。つまり、目次だけをざっと眺めて、積んである。雑誌は、古くなればいらなくなるからだ。一定期間醱酵させれば、そのうちに読む必要がなくなる。雑誌は、通常の書類の場合より「保存ゴミ」の性格が強い。

これは「捨てるための熟成システム」である。時事的な評論などを書くとき、積んでおいた雑誌や新聞は、かなり役に立つ。しかし、これらは新鮮さが命だから、普通は一定期間が経過すればいらなくなるのである。

なお、「つんではいけない。なんでもそうだが、とくに本や書類はそうである。横にかさねてはいけない。かならず、たてる」*というのが常識だが、私は、雑誌を意識的に水平に積んでいる。水平に積むと、「後入れ先出し方式」（後から入れたものを先に取り出す方式。在庫管理でＬＩＦＯと呼ばれる）になるが、必要なのは新しいものだから、むしろこのほうがよいのである。

＊『知的生産の技術』八二頁。

本・捨てられないから問題

本を整理する基本も、捨てることだ。本は意外に大きい。しかも、重いから、自宅に大量の本を置くと、床が抜ける。しかも、余計な本が多いと、目的の本を探し出すのに時間がかかる。文庫本などは必要なときに買えばよいし、専門書なら図書館にいけばよい。多くの人が指摘するように、地価が高い日本では、本がスペースを占拠するコストは、馬鹿にならないほど高い。単純なコストの比較からしても、必要な都度買うほうが安い場合が多い（それどころか、実際には、持っていると分かっていても、探すのが面倒なので買うことがしばしばある）。

したがって、辞書、辞典の類だけを常備しておいて、後は読んだら、あるいは関連の仕事が終わったら、捨ててしまえばよいのだ。糸川英夫氏は、辞書でさえ、一回引いたら捨てればよいとしている。[*] 私は、これは、基本的に正しい方法と思う。そこまで徹底できなくとも、第三章で述べる「焼畑方式」を採用して、一定期間に読まなかった本を処分すべきだ。

……以上が、本の整理に関する「合理的理論」である。しかし、実際には、このとおりにはできない。本は、書類、雑誌と違って、捨てられないのだ。

一つは、本棚を探しているうちに、「こういう本もあったか」という発見をするからである（これを「ブラウジング」という）。本の場合には、長年使っていなくとも必要になる場合が多い。

さらに厄介なのは、使わなくても愛着があることだ。ここが書類や資料と決定的に違う点である。高校生のときに読んだ文学書は、もう読まないと分かっていても、捨てられない。留学時に必死に勉強した教科書も同じだ。こうした特別の理由がなくとも、一般に、本は捨てられない。

いわゆる「センチメンタル・バリア」が高いのである。これは、誠に不合理な感情だから、どうしようもない。

捨てられない以上、本の整理は絶望的だ。大学の私の研究室はかなり広く、作り付けの本棚が天井まであるが、それでも満杯である。二重置きになってしまって、奥の本は見えない。

それなら、買わないで、必要なら図書館に行けばよいではないかといわれようが、そうもいかない。必要な本は、やはり自分で買わなければ駄目である。

もちろん、抵抗はしている。ある程度うまくいっているのは、箱に入れて格納することだ。この場合、通常のダンボールでは大きすぎる。もっとも使いやすく、かつ供給が安定的と考えられるのは、郵便局で売っている郵便小包用の紙箱である。大、中、小とあり、「小」はちょうど文庫本が収まる大きさだ。それ以外の本は「中」で収納する。写真集などの大判のものには「大」を用いる。

あまり頻繁に使わない地図、ガイドブックの保存にも、これが便利である。「地点」という分類の軸がはっきりしているうえ、普段は使わずに、旅行の時に当該地域関連のものがまとまって必要になるか

ゆうパックによる本の格納
本棚に縦に入れたところ

らだ（なお、頻繁に使う地図などは、キャビネットに格納するのがよい）。

ただし、この方式では、取り出して読んだものを元に戻すのが面倒で、なかなか実行できない。つまり、「家出」してしまう本がどんどん増えるのである。こうして、秩序は徐々に崩壊する。決して理想的なシステムとはいえない。

写真の整理も絶望的である。もともと保存するのが目的だから、捨てられない。しかも、古いものほど価値が出る。

もちろん、これも抵抗はしている。これまで比較的うまくいったのは、すべてをサービスサイズで焼きつけ、スチール製のカード・ボックス（もともとは、カード保存のために買ったもの）に時間順に並べるという方法だ。

しかし、最近ではパノラマという規格外の大きさのものが出てきてしまったので、整理がさらに困難になった。もちろんスペース的にいえば、ベタ焼きで保存すればよいのだが、小さ過ぎて見るのに不便である。

このようなわけで、本と写真の整理は、ほぼ絶望的である。整理に関する本をいくら読んでも、満足のいく解決法は見当たらない。多分、誰もが諦めてしまったのだろう。電子的な保存、再生が容易にできるようになるまでは、適切な方法は存在しないに違いない。

＊ 糸川英夫『驚異の時間活用学』ＰＨＰ文庫、一九八五年、五五頁。

第一章のまとめ

1　押出しファイリング
書類や資料は、内容で分類せず、ひたすら時間順に並べる。

ひとまとまりになるものを封筒に入れ、到着順に左から本棚に並べる。使用したものは左端に戻す。

2　ポケット一つ原則
人間の記憶は、場所については弱い。だから、内容に応じて置き場所を区別すると、見つからなくなる。押出し方式では、すべての書類を一つのポケットに入れる。

3　時間軸検索
時間軸による検索は、きわめて強力である。なぜなら、
・使用する書類の大部分は、最近使ったものの再使用である。
・人間の記憶は、時間順に関しては強い。

4　平均アクセスタイム

通常の整理法では、「活性ファイル」が「家なき子ファイル」や「家出ファイル」になってしまう。押出し法では、これらを正当にワーキング・ファイルとして扱う。このため、平均アクセスタイムが短縮される。

まず収納し、あとから秩序をつくるのである。

5 名刺

名刺情報の有効期間は、平均一年半程度でしかない。だから、名刺でデータベースを作ろうとする試みは無駄である。ひたすら時間順に並べ、一定期間経過後にコピーをとる。

第二章　パソコンによる「超」整理法

この章のテーマは、パソコンを活用する情報管理法である。

1　情報管理の基本思想をくつがえす

分類・整理は必要なくなった

コンピュータが情報管理にいかに本質的な変革をもたらすかは、つぎの例を考えればよく分かる。

いま、本を数冊渡されて、「ここから、〈整理〉という言葉を探し出せ。もれなく検索せよ。もしかしたら、一つもないかもしれない」といわれたら、普通の人なら、馬鹿らしくて、まず引き受けないだろう。しかし、本が電子的なファイルになっていれば、コンピュータは、この作業を数秒のうちに正確にやってのける。普通の人が持っている普通のパーソナル・コンピュータでも、これができる。*しかも、いくら作業をやらせてもタダである。これは、信じられないようなことだ。

この面でのコンピュータの能力は、驚嘆すべきものだ。人間を遥かに越えている。人間ならあまりに馬鹿らしくてできないことを、何の文句もいわずに忠実に遂行するからである。私はしばしば、パーソナル・コンピュータに「ハードディスク内全文書からの捜索」という作業を命じているが、一心不乱に(?)膨大なファイルを調べているけなげな姿をみると、頭をなでてやりたい気持ちになる。

かなを漢字に変換するのも、文字を紙に書くのも、人間のほうがうまくできる。これらは、コンピュータでもできるということにすぎない。しかし、高速検索作業は、人間にはできない。コンピュータにしかできない仕事だ。よく、「パソコンは有能な秘書一人分の働きをする」という。しかし、これは、コンピュータの本質を理解していない考えだと思う。コンピュータは、いまやパーソナル・コンピュータでも、人間にできない仕事ができるのである。

このことが情報管理に関してもつ意味は、明白かつ重大である。さまざまな情報を少しも整理せずにコンピュータに投げ込んでおき、あとから検索するという方法がいまや実用的になったのである。検索スピードが著しく速いので、あらかじめ人間が整理しておかなくともよい。たとえば、印刷された電話帳では、名前の五十音順、あるいは職業別に分類されていなければ検索できない。しかし、電子的ファイルになった電話帳なら、でたらめに並べてあっても検索できる。「分類し、整理すること」に意味がなくなったのである。「人間は前向きの仕事をするだけ。あとの整理や検索はコンピュータの役目」という時代になった。

＊　私は「パソコン」という言葉が嫌いだ。語感が軽薄だから。コンピュータという言葉は嫌いではは

ないが、いまや「コンピュータ」は「計算用機械」ではない。機能からいえば、「個人用情報処理機械」である。中国語の「電脳」がこれに近い。ただ、これもあまり好きな言葉ではないが。

なんでも投げ込んでおく

コンピュータには、高速性のほかに、もう一つの重要な特徴がある。それは、メモリーに場所をとらないことだ。パーソナル・コンピュータでも、データをハードディスクというきわめて大きなポケットに収納できるようになった。

私は、一月に一メガバイト強の文書を作成する(通信文や既存ファイルの修正も含む。ちなみに、本書全体で約〇・二メガバイトである)。私のハードディスクの容量は八〇メガバイトある。だから、過去三年間に作成したすべての文書でも、ハードディスクの半分ぐらいにしかならない。今後数年間は大丈夫だ。そのうち、新しいメディアが出るだろう。実際、いまやハードディスクは、数百メガバイトのものが普通である。情報が電子媒体で保存される限り、われわれはスペースの制約から解放された。このことは、これまで慣れ親しんだ紙媒体とはまったく違う特性なので、ほとんどの人が、頭では分かっても、実感としては理解していない。私自身も、そうである。

検索が高速で、データ格納に場所をとらないから、不必要な情報が混じっていても神経質になる必要はない。ハードディスクの領域を節約するために不要になったファイルを掃除することとなど、しなくともよいのである。書類については、「不要なものを捨てて雑音を減らすのが重要」と述べたが、コンピュータの場合は違う。「なんでもかんでも投げ込んだまま」でよいのだ。

紙媒体情報についての「押出し方式」には、便宜的な側面もある（第三章で述べる検索簿方式が理想的な方法という意味で）。しかし、コンピュータの場合には、「分類せずに時間順に保存する」という超整理法の発想は、本質的な意味をもつ。だから、業務においても応用可能だろう。これは、情報管理に関する従来の常識を覆すものである。

しかし、多くの人はこのことに気づいていない。その証拠に、メーカーやソフト・ハウスでさえ、これを十分に理解しておらず、見当はずれの製品を作っている。たとえば、ワードプロセッサは、検索用にはきわめて非効率的な仕組みになっている。これは、前記のような技術が利用できるようになったのが、ごく最近のことだからであろう。

パソコンを使わないのは贅沢

以上でみたように、超整理法の発想は、情報をコンピュータで処理することと深い関わりをもっている。超整理法による情報管理が実用的になる大きな理由は、普通の人でも情報の大部分をコンピュータで処理できるようになったことである。したがって、超整理法は、電子時代だからこそできる情報管理法なのである。これまで原理的には考えられても実行できなかったことが、コンピュータの進歩によって可能になった。

だから、現代社会でパーソナル・コンピュータを使わないのは、途方もなく贅沢な考えだ。それは、ジェット機で太平洋を渡れる時代に、豪華客船で、あるいは自家用ヨットで行きたいというようなものである。

ところで、世にパソコン嫌いは多い。その人たちは、「パソコンは、人間の思考をおかしくする」「文章に品格がなくなる」などの批判をする。多分、それは正しいのだろう。かつて万年筆が使われ始めた頃にも、「文章を書くのは、心を静かにして墨をすることから始めなければならない。万年筆で風格のある文章が書けるはずはない」と批判した人は多かったに違いない。つまり、われわれはすでに、風格のない文章作成法にコミットしてしまったのである。ペンからパソコンへの移行によって品格がさらに失われるとしても、それは、パーソナル・コンピュータの機能を使うための不可避的なコストと割り切るべきだろう(ただし、パソコン嫌いの人の心情は分かる。この克服法は、本章の「実践講座1」で述べる)。

パソコン嫌いでなくとも、これを十分に活用している人はさほど多くない。パソコンを駆使できるかどうかは、個人の情報処理能力に大きな格差をもたらす。友人の物理学者が、「ニュートンより早く生まれていたら、微分法くらい発見できたかもしれない。のちの時代に生まれるほど業績をあげるのは大変だ」とこぼしていた。確かに、ニュートンの時代に比べて知識のストックは増えたから、創造的な仕事は大変になった。しかし、知的活動をサポートするテクノロジーも進歩しているのである。

以下で述べる方法の具体的な内容は、今後の技術進歩により変わるだろう。しかし、「超整理法がコンピュータ向き」ということは変わらない。それどころか、技術進歩によって、ますますこの考え方の有効性が高まるはずだ。より高速、より大容量、という方向での技術進歩は、まちがいなく進むからである。

なお、この章では、パーソナル・コンピュータとハードディスクを個人が使用できることを前提にしている。ここで述べる方法は、ワープロ専用機でもできるだろう。しかし、ワープロ専用機の機能は一般に低いから、一部はできないことがあるかもしれない。

2　パソコンに何をさせるか

ユースウエア・人間側からの位置付け

パソコンに関する本は山ほどある。しかし、その大部分は、パソコンという機械だけを切り離して、どう使うかを書いた本である。多くの場合、ワープロ、通信、表計算などという、アプリケーション・ウエアに沿った説明になっている。

しかし、一番重要なことは、全体としての個人情報システムの中でパーソナル・コンピュータをどのように位置付けるか、ということである。これを「ユースウエア」と呼ぼう。これに関するノウハウは、驚くほど貧弱である。

ユースウエアは、パーソナル・コンピュータの機能からではなく、人間の側から見た使い方である。パソコン関係の本に書いてあるのは、パソコンに何ができるかという、「機能」である。しかし、パソコンができることであっても、われわれに必要なければ無意味だ。パソコン・マニアの中には、パソコンの機能をいかに使い切るか、ということだけを目的にしている人たちがいる。こうした人たちは、パソコンを使っているのでなく、パソコンに使われているのである。パソコン通信の魅力に取りつかれて、一日中ネットワークから離れられない人たちも同類だ。だから、ユースウエアは、コンピュータを使いこなす方法論であるとともに、「コンピュータに使われない」ための方法論でもあるのだ。

パーソナル・コンピュータの性能があまりに早く進歩したので、人間の側から見たユースウエアは、大いに変わった。このため、多くの人々がパソコンをもっとも便利な用途に用いていない。すでに述べたように、メーカーやソフト・ハウスでさえ、見当はずれの製品を作っている。

たとえば、ワードプロセッサは、本来は検索機械であり、編集機械なのだが、一般には印刷機械（電子タイプライター）と勘違いされている。しかし、すでに述べたように、「紙に字を書く」

というのは、コンピュータ「でも」できるということにすぎず、あまり重要な機能ではない。将来、パソコン間通信が一般化すれば、紙に印刷することさえ、なくなるだろう。

本来は、ユースウエアが整備され、それがハードウエアやソフトウエアに働きかけることが必要だ。しかし、残念なことに、このようなフィードバックは、これまでのところうまく機能していない。

捜し物をさせる

では、個人情報システムのどこでパーソナル・コンピュータを使うか。もっとも重要なのは、個人情報の管理、つまり資料の捜し物をさせることである（いま一つの重要な使い途は、アイディア製造である。これについては、第四章で述べる）。*

このために、つぎのことを検討する必要がある。

第一に、どのような仕事をパソコンで扱うか。名刺を整理して作る人事データベースなどというのは、一見していかにもパソコン向きに思える。しかし、第一章の3で述べたように、実はそうではない。検索するためにいちいちソフトを起動させるのが面倒だからである。また、後述するように、スケジュール管理も電子メディア向きではない。入力が不便で、しかも一覧性がないからだ。このように、少なくとも現在の技術を前提にする限り、パソコン向きでない仕事がいくつかある。

検討すべき第二の課題は、検索の方法論である。具体的には、ディレクトリの作り方や、ファイルの名前のつけ方などに関するノウハウの確立が必要になる。これは、技術的で些細なことと思われるかもしれない。しかし、データが蓄積されてくると、効率的に検索できるノウハウがあるかどうかで、大きな違いが生じる。この問題についてパソコン関連の書物が何も論じていないのは、驚くべきことだ。これも、パソコンを情報管理に使っている人がさほど多くない証拠であろう。

＊　いま一つの重要な用途は、数値計算である。表計算ソフトの機能が向上したので、つい数年前までベイシックでいちいちプログラムを書いていたことも、簡単に扱えるようになった。繰返し計算、収束計算など特殊なものでなければ、表計算で十分間に合ってしまう。グラフを簡単に作れるので、数字を見ているだけでは分からない傾向がすぐに発見できる。また、回帰計算が楽になった。かつて手動計算機で逆行列の計算を行なったことを思い出すと、信じられないほどである。

電子業務日誌

多くの人は、ワープロを買うと、まず手紙を印刷する。会合の案内状を作る。ＣＤなど持ち物のリストや蔵書目録を作る……。

こうした使い方も、遊びとしては面白いかもしれない。しかし、実用性を求めるなら、まず最初に作るべきものは、日誌である。日誌は個人データベースの基礎であり、さまざまな用途にきわめて有用だ。

「日誌」というと、小中学生が心の軌跡を綴るもの、というイメージしかない。しかし、ここでいう日誌は、行動記録であり、業務日誌である。仕事メモを時間順に並べたものと思えばよい。仕事の着手と完了、面会人、会議、約束事項などの記録である。梅棹忠夫氏も、このような日誌の必要性を強調している。*

「個人業務日誌」の有用性は、作ってみればすぐに分かるだろう。原稿執筆の約束、仕事の進め方についての合意事項などは、直後は覚えていても、すぐにあやふやになる。残念なことではあるが、仕事の上では、「いった」「いわない」が問題になることが、必ずあるものだ。こうした場合、日誌をもとにして、「何月何日に、このように約束した」と主張できれば、あなたの立場は強くなる（さらに、後で述べる「電子ファクス」で連絡を行ない、記録を残しておけば、完璧である）。完全な業務日誌は、いつの日か、必ずあなたの立場を救うだろう。

この日誌は、検索用のものだから、電子ファイルにすることが不可欠である。紙の日誌では、データベースとしての有用性には大きな限界がある。たとえば、名前は忘れたが、いつどこで会ったかは覚えているという人を、会合名だけを手懸りにして検索するには、電子日誌でないとできない。

私は、日誌を使って、文字通りの捜し物をしたことさえある。電子手帳を紛失したのだが、いつどこでなくしたか、分からない。ただ、私は電子手帳を電話帳として使っているので、置き忘れたのは電話をかけたときに違いない。そこで、日誌を頼りに、過去数日間の行動を細大もらさずに再現した。もちろん、日誌には、会議の記録など大雑把な行動記録しか残っていない。しかし、電子ファイルは、追加記入が自由だから、記録の間隙を埋めていけばよい。電子手帳を使った記憶がある時点を確定し、そこから徐々に時間順に行動記録を書き加えていく。また、ある時点以降は外出していないので、そこからは時間を遡って書き加える。こうして捜索範囲をつぎつぎに狭めると、候補は数箇所しか残らなかった。そして、実際、その一つに私の電子手帳は保管されていたのである。

電子日誌はまた、情報システム検索のための索引としても利用できる。どんな仕事を何時ごろやったかを日誌で調べれば、第一章で述べた押出しファイリングの検索が容易になる。

さらに、ある種の「未来予測」も可能である。とくに、毎年繰り返す行動については、準備開始のウォーニングが得られるし、昨年何をやったかを参照して、今年のスケジュールが立てられる。たとえば、私の場合、学期末と学期初めの諸行事（期末試験、ゼミの選考など）などがそれに当たる（もっとも、このことだけなら、紙の日記でも可能である）。

もちろん、「忙しくて日誌など書いていられない」という人が大部分だろう。実は私もそうだ。だから、日誌を書くのは、机に向かっているときではなく、会議の合間等の切れ端時間である。このため、どこでも入力できる入力ターミナルが必要で、小型のワープロを持ち歩いている（第四章の4を参照）。

カードソフトを使って日記を書くといったアイディアもあるが、私はワープロ・ソフトを使ってテキストファイルに書くほうが、柔軟でよいと思う（テキストファイルとは、さまざまなソフトが共通して読み書きできる文字や数字の標準的ファイルをいう）。また、テキストファイルの場合も、あらかじめ面会人や会議といった枠を作っておくというアイディアがある。しかし、定型的な枠の中に書くより、まったくの白紙に書くほうが便利だ。ただ、あとから検索するため、日付の表記法だけは統一しておく（たとえば、五月十日とするか、5－10とするか、など）。

また、検索を確実にするために、人名、組織名などの固有名詞をできるだけ多用する。重要な人なら、肩書も書いておく。さらに、できるだけ略語を使わない。たとえば、中央公論と中公では、検索には前者のほうが便利である（後述のワイルドカードを用いる）。入力の手間はさして差がない。むしろ、略語でないほうが、漢字変換は速い。

＊『知的生産の技術』一六一－一七五頁。

予定表はパソコン向きでない

以上では、過去の出来事を記録することを念頭に置いた。しかし、日誌には、将来のことが記入してあってもよい。これは、予定表、計画表にほかならない。もし予定表も電子的なファイルになっていれば、日誌との連続性が実現できるので、理想的である（いちいち会議や面会人を日誌に記入しなくとも、予定表を修正するだけでよい）。

しかし、問題は入力時のスピードである。アポイントを作る場合、通常は、電話機を持ちながら、あるいは話をしながら行なっている。この場合に電子的なメディアに入力するのは、きわめて困難だ。紙に書くしか方法はない。

だから、現在の技術では、スケジュール表は、古典的な手帳がもっともよい。[*]また、スケジュールというのはもともと時間順であり、並べ変える必要はない。編集作業なども不要である。しかも、一覧性の点では、電子メディアは、一般に難点がある。このように、予定表というのは、電子メディアの長所を発揮しにくい分野なのである。さまざまな分野で電子媒体が紙を駆逐するだろうが、最後まで紙の使用が残るのは、おそらく、この用途であろう。だから、携帯用ワープロや電子手帳がスケジューラー機能を重視しているのは、不適切な設計思想ではないかと私には思われる。電子手帳は、電話帳と割り切るのが合理的だ。

＊重要な予定を手帳から電子日誌に書き出しておけば、将来記録を書く場合のベースになるし、手

帳紛失の際のバックアップにもなる。

なお、手帳の紛失に備えるためのバックアップは、いくつか作っておく必要がある。私は連絡のファクス、案内状などをプラスチックの透明な封筒に入れている。会合通知、講演会予定、原稿締切、等々、区別しないで投げ込むだけである。原稿依頼を別の封筒に入れたこともあるが、うまく機能しなかった。ここでも、ポケット一つ原則を守ったほうがよい。

連絡を電子ファクスで

パーソナル・コンピュータの利用によって可能になる日常生活の大きな変化は、電話からファクスへの切替えである。私の場合、用件は原則として自宅のファクスに送っていただき、こちらからもファクスで返事をすることとしている（通常は夜になってから一日分をまとめて）。

これがなぜパソコンに関連するかといえば、送信文書をいちいち書いて機械にかけるのでは、手間が大変だからである。事務連絡をファクスに頼るのは、文書をすべてワードプロセッサで作成し、それを紙に打ち出さずに直接に電話回線に送ることが前提である（私はパソコン通信のファクス配送サービスを用いているが、同じことはファクス・アダプタでもできる）。

電話からファクスへの切替えは、もともとは、電話の暴力から自衛するために始めたことである（「実践講座2」を参照）。この点で状況は大きく改善されたが、それ以外にもさまざまな利点があることが分かった。

第一は、交信記録が残ることだ。日程の連絡など、伝言されると不正確になる。ファクスなら、記録があるから、誤伝達はなくなる。原稿の締切通知、会議の日程調整などは、ファクスで行なうべきだろう。その他の用件でも、ファクスの紙が残っていると便利だ。

第二の利点は、こちらからの連絡が自動的に、しかも電子的な形態で残ることだ。このため、後で容易に検索・参照できる。これがどんなに便利かは、やってみて初めて分かった。通常、事務連絡は、一定期間は同じ相手に何度も行なう。ファクスで一度送信すれば、宛先まで含めてフォーマットが残っているから、必要事項だけを書き換えて送信すればよい。電話よりは遥かに効率的だ。また、送信記録は、日誌を補完するものともなる。さらに、住所録、電話帳としても使える。そして、すでに述べたように、送信記録は、いつの日か、「いった、いわない」事件に関してあなたを救うだろう。

連絡は手紙で行なうというのが、人間社会が長く用いてきた方法である。電話を日常的に使うようになったのは、せいぜいここ三十年程度のことでしかない。ところで、ファクスとは、基本的には手紙(正確には葉書)と同じものである。だから、ファクスは、人間が永らく慣れてきた方法への復帰であり、自然なものなのである。電子メールが一般化するまでは、ファクスを基本的な連絡手段にすべきだと思う(学者の間では、すでにEメールという電子メールが、かなり一般的な連絡手段になっている。アメリカの学者に連絡をとると、必ずといってよいほど、「Eメールの I D番号を知らせよ」といってくる)。

問題は、「ファクスを送りつけては失礼だ」という社会通念があることだ。「投げ出すように勝手に送りつける」というイメージがあるのだろう。いただく文書の中にも、「ファクスで誠に失礼ながら」という言葉がしばしば現われる。ファクスでの連絡は、まだ市民権を得ていないのだ。考えてみると、自分も、送るときはそう思う。しかし、ファクスは手紙を高速にしているだけである。ファクス通信に失礼なことなど、何もない。社会的通念を変えることが重要だ。ファクスの市民権が早く確立されることを望みたい。

スクラップ・ブックを捨ててデータベースに頼る

パーソナル・コンピュータの第三の用途は、新聞記事の検索である。

新聞記事の切抜きがきわめて強力な情報源になりうることは、しばしば指摘される。旧ソ連時代、あるクレムリン・ウオッチャーは、クレムリンの内部事情をつねに正確に把握していることで有名だった。どんな情報源をもっているのかと聞かれたとき、彼は、「新聞記事だけだ」と答えたそうである。公開された情報だけでも、十分な蓄積と分析があれば、さまざまなことが推測できるのである。

ところが、これまで、新聞切抜き作業は、悪夢だった。序章で述べた分類に伴う諸問題がある。しかも、将来の利用が目的だから、必要になりそうな記事をもれなく保存すると、膨大な量になる。スクラップ・ブックへの貼りつけなどやっていたら、一日中その仕事だけで終わってしまう。しかも、苦労して保存しても、あとで使うのは、ごく一部にすぎない。

しかし、この問題は、数年前にほぼ完全に解決された。パソコン通信でデータベースにアクセスして、過去数年間の新聞記事を簡単に検索できるようになったからである。よく知らない問題についてコメントを求められても、一時間もあれば、専門家になってコメントできる。これは、「ライバルには教えたくない」ノウハウだ。

将来必要になるであろう記事をあらかじめ予測して、すべて切り抜くことは、不可能である。データベース検索は、この不可能事を可能にした。押出し法がうまく機能している一つの理由も、新聞切抜きの資料が大幅に減ったことにある(もっとも、切抜きは続けている。新聞の切抜きは、依然として有益な情報ソースである)。

今後、データベースのサービスは、想像を絶するほどに発達するだろう。現在すでに、新聞のほかに雑誌記事や百科事典が引ける。さらに、ビジネス情報、人事情報など、いくつかの分野で特別の情報が提供されている。会社の人事情報などは、プライバシー侵害ではないかと思われるほど詳しい情報が、簡単に引き出せる。情報環境が一変したことはまちがいない。誰もが驚嘆すべき博識になったようなものだ。逆にいえば、単なる物知りでは価値がなくなったことになる。事実を分析し、評価する能力が求められるようになったのである。

これは、確かに素晴らしいことだ。しかし、半面で、恐ろしい面もある。これらのサービスは有料だからだ。あっという間に数万円単位になる。企業やいくつかの大学では、これを研究費で賄っている。ところが、私が勤務している大学のような古典的な研究環境（情報技術の進歩に無関心な環境）では、それはできない。すべてポケット・マネーである（パソコンそのものの購入からしてポケット・マネーである）。だから、自由にデータベースにアクセスできる人には太刀打ちできなくなる。従来、人文・社会科学では、研究費の額は研究成果にあまり影響しなかった。しかし、その状況は大きく変わりつつある。

論文、メモ、住所録

パーソナル・コンピュータに格納してある情報のいま一つのカテゴリーは、自分が書いた論文やメモである。私の場合、量的にはこれがもっとも多く、かつ必要度も高い。ただし、これは、もともとパソコンで作成しているから、自動的に電子ファイルになっている（第四章参照）。

過去に作成した論文やレジメは、あとから参照することが多い。たとえば研究会で報告したレジメを取り出し、それを手がかりとして論文を書いていく。あるいは、短いエッセイをまとめて本にする。過去に行なった計算のファイルを取り出し、データを更新して再計算する……等々。

私の場合、パソコンに格納してある情報としては、これらのほかに、自分の論文のリスト、年賀状用の名簿、卒業生の名簿、講義受講学生の名簿と成績表、電子手帳からダウンロードした電話番号簿などがある。

年賀状用の住所録は、検索用でなく、印刷用である。前に「パソコンの印刷機能は重要でない」と述べたが、年賀状は例外である。大量の印刷が短時間にできるということもあるが、一番大きな利点は、名前の書き違いや、「様」の書き忘れがなくなることだ。

テキストファイルがもっとも使いやすい

検索が目的であっても、データベース・ソフトを使う必要はない。テキストファイルのほうが優れている場合が多い。第一の理由は、データの共有や電子メール送信のためには、テキストファイルでなければ駄目だからである。第二の理由は、拡張子（ファイル名のあとにつけるコード）を自由に使えることである。「エコロジー」のようなソフトでも、「松」のようなワープロでも、拡張子をキーとして、たとえば論文だけを表示させるといったことができる。これは非常に便利である（具体的な方法は、あとで述べる）。

いま一つの大きな理由は、テキストファイルがいわば白紙であって、柔軟なことである。カードソフトなどの定型的なものは、設計者の思想に縛られ、それを越えることができない。そして、しばしば基本的な設計思想が適切でないことがある。

3　パソコン超整理法の実際

恐ろしい情報の迷宮

パーソナル・コンピュータのファイルは、時間がたてば膨大な量になってくる。これを能率よく検索するには、どうしたらよいか。

多くの人は、内容別にフロッピーを分けているだろう。ハードディスクにデータを保存している人は、ツリー構造のディレクトリを作って保存しているだろう。私も、かつては、次頁の図のような階層化ディレクトリを作っていた。序章で述べた用語を用いると、これは、「図書館方式」、つまり、内容に応じて置く場所を変えるという方式である。

しかし、この方式は、ファイルの数が増えてくると、うまく機能しなくなってくる。分類に伴うさまざまな問題が発生するからである。

さらに、分類して保存する作業自体が面倒である。「とりあえず」ということで適当な分類に放り込んでおくと、あとでどこに入れたか分からなくなってしまう。

階層化ディレクトリ
(内容別分類)

- ¥(ルート・ディレクトリ)
  - 論文
    - 財政
      - 予算
      - 税
      - その他
    - 土地問題
      - 地価
      - 土地課税
      - その他
    - マクロ経済
    - その他
  - 研究プロジェクト
    - 1
    - 2
    - ⋮
  - 事務ファイル
    - 大学関係
    - 連絡文書
    - ⋮
  - データ
    - マクロ
    - 財政
    - 税
    - ⋮

図書館方式のディレクトリ

フロッピーにおける「〈君の名は〉シンドローム」は、実に深刻だ。外から見ただけでは、中に何が入っているか分からないからである。もちろん、ラベルに一応の内容は書いてあるだろう。しかし、タイトルが不正確だったり、とりあえず別のフロッピーに入れたものを整理せずにいたりすると、目的のファイルがどこにいったか分からなくなってしまう。こうして、本来はきわめて効率的なはずの電子情報蓄積装置が、「もつれにもつれし紆余曲折に出口を迷わす*」情報の迷宮(ラビュリントス)と化してしまう。ここに入ったファイルは、もはや外の世界に逃れ出ることはできない。ラビュリントスの奥深く住まうミノタウロスのえじきとなるほかはないのだ。

本章では、以下で、コンピュータ・ファイルに対する「アリアドネの糸」を示すこととしよう。

＊　アポロドーロス『ギリシア神話』（高津春繁訳、岩波文庫、一二一頁）。

分類するな、ひたすら並べよ

電子媒体のファイルについても、内容による分類、整理は必要ない。むしろ、「しないほうがよい」。作ったすべてのファイルを、内容と無関係に、まったく機械的に、一つのフロッピーに作成時間順に入れていく。そして、検索はコンピュータにまかせる。実際、すでに述べたように、探すのはコンピュータがもっとも得意とするところである。

私の場合、作成するファイルは、一月で大体フロッピー一、二枚になる。ファイル数でいえば、百個程度である。これをハードディスクにそのままコピーして、検索用としている。[＊]

これは、紙の書類における押出しファイリングと同じ原理をコンピュータ・ファイルに適用したものである。書類の場合と違う点は、使ったファイルの戻し方である。古いファイルを取り出して編集すると、自動的に新しいタイムスタンプ（コンピュータがファイルにつける日付）になる。これを新しいフロッピーに入れておく。古いものは元のところに残ったままだが、すでに述べたように、コンピュータの記憶容量は大きいので、ゴミ処理に気を使う必要はない。

本の執筆などの仕事をしているときには、その関係のファイルが大きくなるので、別にフロッピーを作りたいと考えるのが人情であろう。しかし、そうすると、あとで検索できなくなるおそれがある。大きければ、その月のフロッピーの枚数を増やせばよい。大きいから別にするというのは、よく考えてみれば、不合理な方法だ。

時間順方式には、さらにつぎの二つの利点がある。

第一は、バックアップを取るのが便利なことだ。バックアップがどれほど重要かは、ファイルの破壊を経験したことのある人には、改めていうまでもあるまい。私自身も、バックアップのない一月分のファイルを誤操作で破壊し、後遺症が数か月に及んだことがある。

問題は、バックアップ作業は面倒なため、ついおろそかになることだ。しかし、時間順方式だと、きわめて簡単である。私の場合、フロッピーを月単位にし、ハードディスクのディレクトリに対応させてあるので、作業が一段落したところでファイルを閉じ、コピーコマンドを起動させるだけで、自動的にバックアップが取れる。この際、タイムスタンプが新しいもの（新しく作ったものや修正したもの）だけをコピーする。コピーが始まってからはまったく自動的なので、机を離れても構わない。

第二の利点は、フロッピーを持ち歩くとき、最新の数か月分だけを持てばよいことである。分野別にすると、必要な分野をすべて持たなければならない。私のように自宅と大学の両方に仕事場がある場合、この問題は馬鹿にならない。

＊　多くの人は、ハードディスクに作業ファイルを作り、フロッピーに保存しているだろう。私が逆

私の失敗(4)　ドッペルゲンガー・シンドローム

コンピュータのファイルは、簡単にコピーが作れるので便利である。しかし、うっかりすると、この便利さが裏目に出ることがある。

作業をアシスタントに頼むために、元帳Aからコピーして B というファイルを作り、B に修正を施したとしよう。この作業中はAはアクセス禁止とし、Bの修正版B'ができ次第、それを元帳にコピーして正本にしなければならない。しかし、うっかりして、Bの修正中にAを別途修正したり、B'があることを忘れてAに修正したりすると、不完全な正本が2つできてしまう。

これはきわめて厄介な事故で、Aに戻っても駄目である(紙媒体の原稿でも類似の事故がおきるが、この場合には修正箇所が同定できるので、Aに戻れば修復できる)。私はこれを、「ドッペルゲンガー・シンドローム」と呼んで、恐れている(ドッペルゲンガーとは、生きている人間の幽霊をいう)。■

方式なのは、大学と自宅の両方で作業するため、作業用ディスクを持ち歩く必要があるからである。こうしないと、「ドッペルゲンガー・シンドローム」が発生する。検索用ファイルをハードディスクにおいているのは、検索スピードを上げるためだ。

ディレクトリの構造

時間順方式によるハードディスク内のディレクトリ構造を紹介しよう(図参照)。ルート・ディレクトリの下にDと名づけたディレクトリをおき、ここに、212(一九九二年十二月を表す)、30

現在のディレクトリ
(時間順を基本)

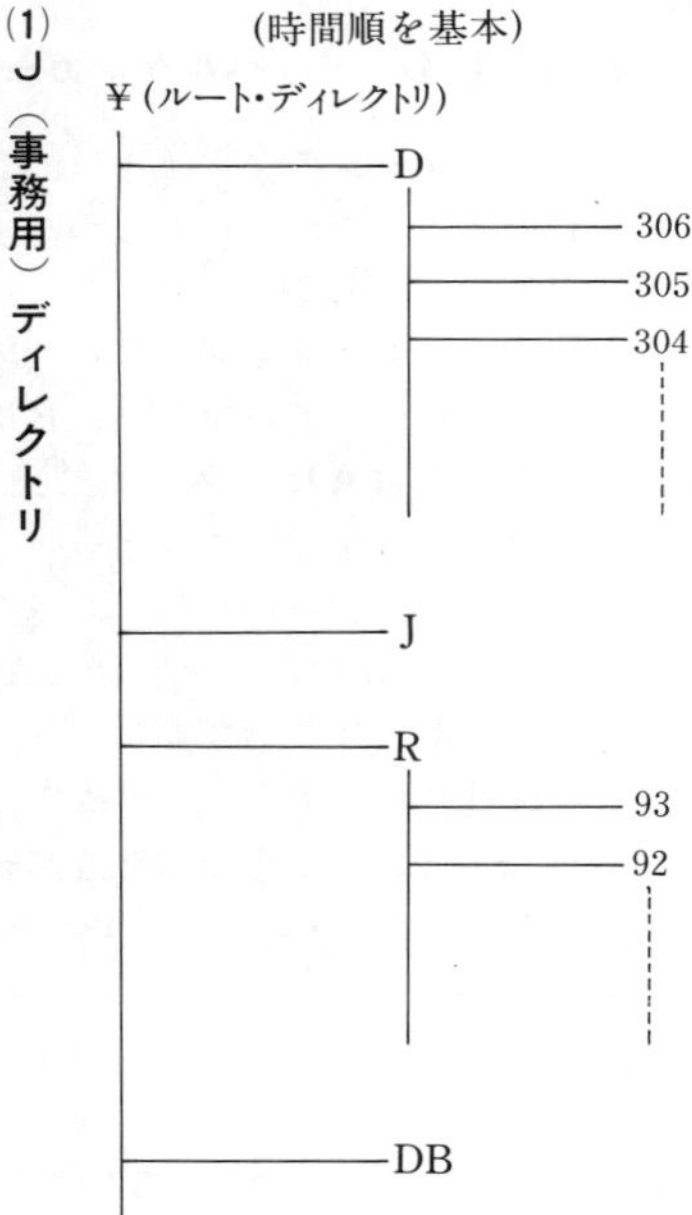

時間順方式のディレクトリ

1のように、年月を示すサブ・ディレクトリを作ってある。そこに当該月のファイルがすべて入っている。

ただし、実際には、「ポケット一つ原則」に例外があり、つぎのようなディレクトリを別に作ってある。

(1) J（事務用）ディレクトリ

この中には、つぎのファイルが入っている。

・初めて連絡を取る場合に追伸としてつける連絡法案内。当方のファクス番号、電話番号などが書いてある。

・略歴。

・海外旅行の持ち物を事細かに列挙したリスト（歯磨き、つめきりの類まで徹底的に細かく書き出してある。旅行中気がついたことは、帰国後リストに追加する）。パッキングの際、これを紙に打ち出してチェックする。

・手紙のひな形（「実践講座3」参照）。
・定型的な連絡文のひな形。
要するに、Jディレクトリに入っているのは、文房具のようなもので、頻繁に使用するファイルである。

(2) R（日誌）ディレクトリ

91、92のように、年を示すサブ・ディレクトリがあり、そこに当該年の日誌が入っている。

(3) DB（住所録・論文リスト）ディレクトリ

住所録、論文リストなどのデータ。

第一キー・時間軸

目的のファイルを探すための検索キーは、時間、ファイルの拡張子と名前、そして文中の「ことば」である。これら四つのキーについて、具体的な方法を以下に述べよう。

第一の検索キーは、時間軸である。いつごろの作業か見当をつけ、その頃のファイルを捜索する。これで、ほとんどまちがいなく目的の文書を取り出すことができる（「松」というワープロソフトは、ファイルの最初の行を一覧表示する。このため、目的のファイルがすぐに分かる。私は、この機能のために、「松」から離れてほかのワープロやエディタに移ることができない）。

私の失敗(5)　ミノタウロスの餌食となりしファイル

私の場合も、図書館方式で整理していた頃のファイルで、行方不明になったものが、かなりある。また、時間順方式に移行してのちも、当初はそれを徹底せず、英文の論文だから、あるいは長いファイルだからといった理由で、時間順フロッピーに入れなかったものがある。時間順なら簡単に見出せたはずと、超整理法の正しさを再認識し、それを早くから徹底しなかったことを悔んだ。

昔のものは、フロッピーをひとつひとつチェックしなければならないので、とてもやる気になれず、放置してある。つまり、これら何十枚ものフロッピーは、ミノタウロスの餌食となってしまったわけだ！　■

なぜ時間順だけで検索できるかという理由は、すでに述べた。第一に、必要なファイルは、新しいものの場合が多い。第二に、いつファイルを作ったかは、よく覚えている。したがって、索引などなくても、分からなくなることはほとんどない。たとえば、確定申告のファイルを毎年三月に作っていること、試験問題を学期末に作っていることは明らかだ。なお、日誌をつけている場合には、それが強力な索引になる。

後述のワイルドカード検索と合わせれば、この方法で短時間のうちに目的のファイルを引き出せる。重要なファイルの在りかが分からなくなってしまうようなことは、まずない。

むしろ、ファイルの内容に応じてフロッピーやハードディスクのディレクトリを区別した場合に、どこのフロッピーか分からなかったり、どのディレクトリか忘れてしまったりする。

第二キー・拡張子

第二キーは、拡張子である。

MS-DOS（パソコンの標準的なオペレーティング・システム）では、拡張子は三文字まで使える。

私は、つぎのような分類コードを使っている。

論文：RON、報告レジメ：RES、メモ：MEM、通信文：REN、データベースのダウンロード：REC

これらは、内容でなく、形式上の区別になっている（このほかに、たとえば、ロータスの計算ファイルは、自動的にWJ2という拡張子がついている）。これらを、ワイルドカードで検索する（MS-DOSでは、＊という記号は「任意の文字列」を表すという約束になっている。これを「ワイルドカード」という）。たとえば、＊．RONと指定すれば、多数のファイルのなかから論文ファイルだけが表示される。このようにして、対象を限定できる。拡張子は、封筒の場合の「色別」と同じ機能をはたす。

拡張子は、作ろうと思えばもっとできるが、あまり多くすると忘れてしまう（BOX4を参照）。仕事に合わせて自然にできる分類がもっとも役に立つ（私の場合も、将来増えるかもしれない）。

BOX 4. Magic Number of Three?

人間が一瞬のうちに把握し、識別できるのは、7個が限度といわれている。これがMagic Number of Seven（魔法数の7）として知られている法則である。

たとえば、一週間は七日で、虹の色は七色である。世界の七不思議、ギリシアの七賢人、セブン・シスターズ（プレアデス：アトラスの7人の娘。転じて、国際石油資本メジャーズの7社、あるいはアイビー・リーグに対応するアメリカの有名女子大学）、セブン・サミッツ（各大陸の最高峰）、七大洋、ローマの七丘、七つの大罪、教養七学科、七主徳……なども同様だ。新約聖書の『ヨハネの黙示録』は、数字七のオンパレードである。

七をひとまとまりにするのは、洋の東西を問わない。七草、七書、七変化、七福神、七色唐辛子、七つ道具、七奉行などをみれば分かる。ゼミの学生も、7人を越えると、名前を覚えられない学生が出てくる。組織も7人で係を作り、7係で課を作り、7課で部を作る、というように、7を単位として作ることが多い。

本も、章が7つ以上あると全体がよく把握できなくなる。章は7つ以下にして章の中を節に分けるか、あるいは、まず全体をいくつかの部に分けるほうがよい。

ただし、十分慣れていないものについて覚えられるのは、3が限度ではないかと、私は思う。

たとえば、大・中・小、黒・灰・白など。日本三景、三色旗、三羽烏、三部形式、三部作、三位一体なども同じだ。ワグナーの『ニーベルングの指輪』は実際には四部から成立っているが、『ラインの黄金』は「前夜祭」ということにして、「三部作」といっている。講演のこつは、話す項目を3つに絞ることだと思う。 ↖

ガモフ著『1、2、3……無限大』によると、ホッテントットの数え方は、「1、2、3、……たくさん」だそうだが、普通の人間の識別・記憶能力は、その程度ではないだろうか[*]。

＊　G．ガモフ『宇宙＝1，2，3…無限大』（崎川範行・伏見康治・鎮目恭夫訳、白揚社、1992年）。■

コード名は日本語と外国語の略語が混在していて、あまり系統的ではない。これは、自然発生的に定着したからである。いま振り返ると、打ちやすい位置の文字を選んでいることが分かる（ちなみに、前に述べたディレクトリの文字も、そうである）。

論文は印刷予定のものであるから、これと他のファイルとの区別は比較的はっきりしている。レジメとメモは、レジメは他人に対して送るもの、メモは自分に対してのものと区別している。ただし、ここには、境界領域のこうもり問題が発生している。あるファイルをどちらに区別したのか、忘れてしまうこともありうる。しかし、これは第一キーではないので、それほど深刻ではない。

第三キー・ファイル名

第三キーは、ファイルの名前である。これは、八文字まで許されている。ここで、「安定した命名は固有名詞」という法則を用いる[*]。具体的には、最初の三文字に相手先の組織名を用いる。本や論文も、タイトルでなく、出版社などの名前である（タイトルは、書いている間に変わるかもしれない)。

時間軸、ファイル名、拡張子コードの三つを同時に用いると、目的ファイルの検索は、ほぼ瞬時に行ないうる。

たとえば、この章の原稿は、一つのファイルとなっており、CHU-3 CM 2. RONという名前がついている(ハイフンは無駄であるが、これがないと、見にくい)。最初の三文字が、「固有名詞原則」にしたがった命名で、中央公論社を表している。あとは、章やバージョンを表している。これをつける目的は、ファイルの破壊防止である(ファイル名を単純なものにしておくと、同じ名前のものを二つ作ってしまうことがあり、ファイル操作を誤ると、破壊することがある)。しかし、このような長い名前は、自分でもすぐに忘れる。そこで、この文書を呼び出すには、当該月のディレクトリを開き、ワイルドカードを用いて、C*. RONと呼び出す。すると、この本の各章だけが表示される。すでに述べたように、私が使っているワードプロセッサはテキストの最初の一行を表示するので、目的の章がどれかは容易に分かる。

事務連絡文も同様である。たとえば、事務的な用件で中央公論社に連絡したファイルを呼び出すには、当該月のディレクトリについて、ワイルドカードを用いて、C*. RENを検索する。

私の場合、一月間に作るファイルは百個程度である。このうちもっとも多いのは通信文ファイルで、六十個程度ある。論文とレジメが各々十個程度あり、メモ等が二十個程度ある。連絡ファイルについては、拡張子と最初の三文字によって大体二、三個に限定できる。したがって、表示された最初の一行を見れば、目的ファイルは即座に同定できる。論文については、単に拡張子だけで選び出しても、第一行の表示でほぼ分かる。ほかのファイルについても同様である。

以上述べたことから分かるように、私のファイル名や拡張子コードのつけ方は、かなりいい加減なものである。それにもかかわらず、このように即座に検索ができることは、驚きである。いまなお、検索のつど、一種の快感を覚える。

このようなことが可能なのは、時間軸、拡張子で表された形式区分、そして相手先組織の三つが、ほぼ独立の軸になっているからである。だから、三つの軸でタテ、ヨコから「串差し」にしているわけで、該当ファイルの数がきわめて効率的に限定できるのである。

＊　梅棹忠夫氏は、分類の単位として固有名詞を用いるべきことを提唱している（『知的生産の技術』八八頁）。これは、重要な指摘である。

第四キー・「ことば」

最後のキーは、「ことば」そのものである。

最近、㈱アシストから「パワーサーチ」という検索用のソフトがでている。これは、複数のディレクトリ、ファイルから目的の文字列を高速検索するソフトで、これによって、過去数年間に作ったすべてのファイルを十五分程度で捜索できるようになった。十五分間というと、待つには長く感じられるが、検索は自動的に行なわれるので、その間は別の仕事をしていればよい。

キーワードを登録せずに、テキスト中の任意の文字列を検索できるようになったのは、画期的なことだ。これは、文字どおり「究極的な」キーになる。

たとえば、たった一人の連絡先を探すだけのために、過去三年間のすべてのファイルを検索するといったことも、しばしば行なっている。紙の場合にはおよそ馬鹿げた方法であるけれども、パソコンの場合には検索コストがゼロなので、このようなこともできるのである。

これまでは、検索用に一月分のファイルを全部まとめて、長い単一のファイルを作っていた。「パワーサーチ」が利用できるようになってからは、この長大ファイルを作る必要もなくなった。「時間順配列法」の有効性は、さらに高まることになったのである。

ところで、この検索法で問題になるのは、自然言語が曖昧で類義語が多いことである。たとえば、「使い方」ということは、「使用法」とも「使用方法」とも表現できる。人間はこれらが同じ意味であることを知っているが、コンピュータは、類義語の辞書がなければその認識ができない。辞書さえあれば、コンピュータの高速性が問題を解決するはずである。問題は辞書、すなわちシソーラスが十分に整備されていないことである(シソーラスについては、第四章のＢＯＸ７を参照)。

実践講座1　三十分でパソコン恐怖症から脱却

簡単に直るパソコン恐怖症

パソコンが嫌いだ、という心理は、私にはよく分かる。私もゴルフが嫌いだ。もちろん、ほかの人が皆やっていて、私が取り残されているからではない。ゴルフなんぞ、やる気になれば、いつだってできる。私がゴルフに劣等感をもっているなんて、とんでもない。たかがゴルフ風情にうつつを抜かすのが、はしたないのだ。……この「ゴルフ」を「パソコン」に置き替えれば、それがすなわちパソコン嫌いの人々のいいぶんであろう。

ところで、パソコン嫌悪症を克服するには、きわめて簡単な方法がある。それは、ブラインド・タッチを覚えることだ。

なぜ、これが重要なのか？　入力スピードが上がるからか？　もちろん、それもある。しかし、パソコン・マニアでも一本指入力でこなしている人は多い。重要なのは、心理効果である。正確なタイプ法を覚え、ブラインド・タッチができるようになれば、優越感を持てる。それが重要なのである。

たとえば、あなたが中年のパソコン恐怖症で、職場の若者がパソコンを自在に操っているのを、毎日苦々しい思いで見ていたとする。そのあなたが、ある日突然、両手を駆使してキーボードを叩き、あざやかにタイプしだしたとしよう。職場の女の子は、目を丸くし、あなたを驚嘆と尊敬のまなざしで見るだろう（若い世代はゲームからパソコンに入っているので、きちんとした指の使い方ができないものが多い）。

「側」理論

こうなれば、良いのである。なぜか。あなたは、彼らより「パソコンに近い側」に立った（ように思える）からだ。どんなことでもそうであるが、「どちら側にいるか」というのは、きわめて重要だ。パソコンを敵に回していると感じるか、あるいは味方につけたと感じるか。これは、感覚の問題にすぎないのだが、行動に大きな影響を与える。

いったん、パソコンの「側」に立ちさえすれば、あとは簡単である。実際、現在のパソコンで、操作法に難しいところは、何もない。少なくとも、ワードプロセッサに関する限り、キーボードさえ操作できれば、九割は卒業である。

私が知る限り、昔からタイプのブラインド・タッチができる人に、パソコン嫌いはいない。パソコン・アレルギーとは、コンピュータに対するアレルギーでなく、実はキーボード恐怖症なのである。

「そうはいっても、ブラインド・タッチを覚えるまでが大変だ」といわれるかもしれない。しかし、これこそ、最大の誤解である。ブラインド・タッチは、三十分あれば覚えられる。これは、嘘でも誇張でもない。そして、二十時間も練習すれば、まったく苦労なく打てるようになる。

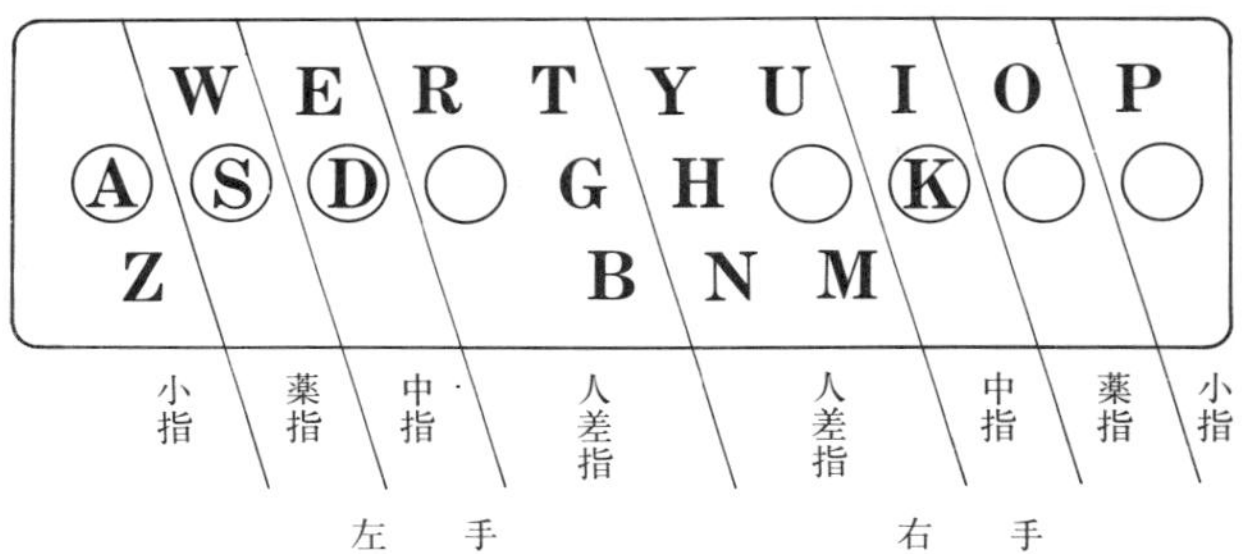

キーボードと各指の守備範囲
日本語ローマ字入力には、図に示したキーだけで足りる．○印はホーム・ポジション（打ったあと、必ずこの位置に戻る）

かつてアメリカに留学生でいたとき、貧乏学生だったので、博士論文を書くのに自分でタイプを打った。三十分間で指の置き方だけ教えてもらって、あとは実際に論文を作りながら練習した。

実は、手動のタイプライターは、パソコンのキーボード入力に比べて遥かに難しかったのである。パソコンのキーは触れるだけで入力できるが、手動タイプでは、キーを打つ力が直接に印字に影響する。PやQなど小指で押すキーを、人差し指と同じ強さで押すのは、非常に難しい。また、日本語ワープロの場合は、漢字変換が確実に行なわれていることをチェックするために画面を見ているが、タイプの場合は、原稿を見ているので、タイプの打出しを見てはいけないとされていた。それに、タイプでは、誤りの修正が面倒である。紙の最後の一行を打つ緊張は、大変なものであった。タイプが難しかったのは、このような理由による。この当時の観念が、いまだに人々の間に残っているのである。

ローマ字入力が最適

もう一つの重要なノウハウは、ローマ字入力することだ。五十音のキー位置をすべて覚えるのは大変である。アルファベットなら、二十六文字ですむ。日本語のローマ字入力だけのためなら、十九文字ですむ。母音、濁音、半濁音、拗音、促音があることを考慮すると、ローマ字入力でも二倍の手間がかかることにはならない。ストローク数は、平均して二ないし三割しか増えないのである。しかも、JIS配列のカナ・キーでは、頻繁に使用する母音が打ちにくい位置にある（さらに、アルファベット・キーは今後変わることはありえないが、カナ・キーの今後の命運は分からない）。

なお、老化は末端から始まるので、十本の指をすべて使うブラインド・タッチは、老化防止によいという説もある。とくに小指を使うと内臓が強くなるそうだ。本当かどうか私には判断できないが、いかにも本当らしい話だ。また、問題解決の閃きは右脳に浮かぶのだが、意識的に左手を使うと、右脳を刺激することができるともいう。[*] こうしたことから考えても、ブラインド・タッチが中年以上向きであることが分かる。

あとは、パソコン少年と仲よくなって、操作法を教えてもらうのがよい。どんな職場にも、大抵、パソコン・マニアがいる。いなければ、紹介してもらう。マニュアルというのは、ある程度使ってから、操作が分からなくなったときに読むものだ。最初からマニュアルを読んでいては、いつになっても操作できない。

なお、「ブラインド・タッチ習熟が簡単」というのは、あまりに重大な秘密だから、周りに洩らさないことをお薦めしたい。とくに周囲のパソコン恐怖症たちに教えてはならない。もし聞かれたら、声をひそめて、「実は一年かかったよ」というべきだ。これで、あなたの独占的地位は守られる。

＊　大島清『頭を働かせる技術』ごま書房、一九九一年、八六―八七頁。

実践講座2　電話の暴力から自衛するための電子ファクス

電話の暴力

電話は野蛮な道具である。こちらの事情とまったく無関係にかかってくる。そして否応なしに最優先の対応を要求する。どんなに重要な仕事をしていても、受けた電話を話の途中で切るのは難しい。

私の場合、一番困るのは、仕事に集中しているときだ。電話が終わったあと、中断した仕事を元の状態に戻すのは、本当に大変なことだ。気勢をそがれて能率ががた落ちになる。それだけでなく、重要なアイディアを忘れてしまうこともある。自宅にかかる電話で、よく「お休みのところ失礼します」といわれる。相手の気持はよく分かるが、しかし、「お休みでない」からこそ、困るのである。

予告なしの連絡につねに最優先で対応しなければならないというのは、考えてみれば、誠に不合理なことではあるまいか。そして、こちらが電話する場合には、同じことを相手に強要していることになる。

「反電話法」のノウハウ

以上の意見に賛成する人は多いだろう。「電話は嫌いだ」という人は多い。しかし問題は、「では、どうするか」という積極的対応策である。

もちろん、本当に必要なのは、皆で協力して、電話を使う社会的ルールを確立することだ。たとえば、一分以上の電話をするときは、「いま話してよいか」と、相手の都合を聞くように。そして、相手が都合のよいときに電話し直すか、コールバックしてもらうのが普通のケースであるという慣習を確立すべきだ。

しかし、こうしたルールの確立は、きわめて難しい。ルールの内容自体が場合によって随分違うだろうし、その実行は相手の良識に期待するほかはないからだ。しかも、その良識は次第に失われている。

たとえば、われわれの世代は、仕事の用件で相手の自宅に電話するのは避けようとするし、よほどの緊急用件でなければ夜には電話しない。少なくとも、目上の方に対してはそうである。しかし、この常識も、生まれたときから電話に慣れ親しんだ世代には通用しないようだ。事実、三月になると、学期末試験の結果を問い合わせる学生からの電話が自宅に、しかも夜遅くに、どんどんかかってくる。われわれの世代の常識ではまったく考えられないことだが、現代の学生には当然のことのようだ。

そこで、「反電話法」のノウハウが必要になる。

一番効率的な方法は、秘書を使うことである。日本でも多分そうなのだろうが、アメリカで秘書のもっとも重要な仕事は、取り次ぐ電話とそうでない電話を区別することだという。取り次いでよい相手のリストがあり、それ以外の電話は、適当な理由をつけてブロックする。しかし、こうしたサービスを享受できる人は、ごく限られている。普通の人は、これ以外の方法で、電話の暴力から自衛しなければならない。

もっとも簡単で確実なのは、電話機を外してしまうことだ。しかし、電話は便利な場合も多い。というより、現代の社会は電話なしでは機能しないだろう。

留守番電話を使うという手もある。つまり、本当に留守のときでなく、居留守の手段として留守番電話にしておくという方法だ。実は、私もこれを試みたことがある。しかし、あとで録音をいちいち聞くのは、大変な時間がかかる。そこで、すぐに止めてしまった。

究極の反電話法・ファクス

電話の便利さを享受しつつ、その暴力から自衛する方法は、しかし、存在する。かつては不可能であったが、いまは可能になった。それは、電話の代りにファクスを使うことである。

私はNTTの回し者ではないが、ファクスのためには専用回線を引くべきだと思う。このためのコストはたいしたものではない。少なくとも、自宅でかなりの連絡を受ける人には、必需品であろう。私は、名簿にはファクス番号を掲載し、電話番号は削除することにした。

この方法の第一のメリットは、電話の暴力から自由になれることだ。つまり、対応のタイミングに関して、こちらの主体性を取り戻せる。もちろん、すぐに返事をすることはできないが、私の場合、数時間の遅れが致命的になる用事はまずないので、この方法で十分である。

私の場合には、さらに、電話より早く、しかも確実に連絡を取り合うことが可能になった。当たり前のことだが、電話連絡は、双方が電話の傍にいなければ、できない。ところが、私の場合、いつも決まった場所で仕事をしているわけではない。大学でも、研究室にいないで教室にいる時間が多い。そこで、連絡を受けるのに、電話でつかまらないケースが多い。そして、返事のためにこちらからかけると、こんどは相手がいない。昼間は、こちらから電話できる時間も限られている（講義や会議の直前など、あと五分あれば随分連絡できるのに、と思うことが多い）。そこで、簡単なことで連絡を取り合うのでも、何日もかかってしまう。

ファクスは、これらすべての問題を解決した。時差がある外国との連絡が、ファクスによってどれほど便利になったかは、いちいち書かなくとも、容易に想像できるだろう。

また、用件以外の挨拶を長々としないですむというのも便利だ。

電子ファクスの利点

ところで、紙を使わずに電子ファクスを利用することには、本文で述べたこと以外にも、いくつかの長所がある。

(1) 鮮明さ

電子メールによるファクスは雑音が入らないため、きわめて鮮明である。会議用の資料や講演のレジメにそのままコピーして使うことができる。

(2) 瞬時送信

どんなに長いファイルでも、きわめて短時間で送信できる。原稿の送付には最適である。この方法を用いるようになってから、プリンターの使用は極度に減った。当方に関する限り、ペーパーレス・システムに近い。

(3) 一斉同報

複写が簡単だから、同文をたくさん作れる。海外旅行のホテルの予約など、日付だけ変えれば全部同文ですむので、電話よりはるかに効率的である。また、電子メールの一斉同報機能（同一文書を多数の相手に送る機能）を使うと、会議通知を大勢に送る場合などには便利だ。

実践講座3　手紙の作り方

ここで述べるのは、「手紙の書き方」ではなく、物理的な意味での「作り方」である。ワープロで手紙を書く場合に面倒なのは、本文と宛名が別の紙になってしまうことだ。封筒にはもともと印刷しにくいし、本文を印刷した後に紙を入れ替えるのも面倒である。

窓付きの封筒を使うと、この問題を解決することができる。A4用紙の上部に宛名を印刷し、同じ紙に続けて本文を印刷する。印刷した紙は、印刷面を表にして二つ折にしたあと、封筒に合わせてもう一度折り、宛先がちょうど窓の位置にくるようにする（図参照）。このような印刷ができるように、印刷フォーマットをあらかじめ指定しておく（このため、手紙のひな形は、テキストファイルにしない唯一のカテゴリーとなっている）。

一枚の紙ですむので、きわめて簡単に手紙が作れる。また、宛名が本文と同じファイルに記録されているので、ファクスの場合と同じように、あとから住所録として使うことができる。同じ相手に何度も連絡する場合にはきわめて便利である。さらに、当方の住所などは、ひな形にあらかじめ書き込んでおけばよいから、手間が省ける。封筒裏面の差出人住所は、印ですます。

窓付きの封筒はあまりに事務的すぎて失礼ではないか、との意見もあり得よう。しかし、これは、慣れの問題と思う。また、面倒なために出さないよりは、簡略形でもこまめに出すほうがよいのではないだろうか。なお、ここで述べたのは、事務的な手紙である。私信の場合、私は、しばしばワープロで原稿を書いて、手書きで清書する。

窓付きの封筒は、日本ではあまり売られていない。私が探した範囲では、神田の三省堂と銀座の伊東屋にしかなかった。

〒104　　　　　　　　　　　　　　1993.4.27

中央区京橋2－8－7
中央公論社
中公新書編集部御中

拝啓

（本　　文）

敬具

野口悠紀雄
〒** ******
FAX ********
E-Mail ******

手紙の作り方

第二章のまとめ

1　パソコンは、高速検索が可能で、記憶容量が大きいので、ファイルをあらかじめ分類・整理しておく必要がなくなった。

2　全体の仕事の中でどの部分をパソコンに担当させるかの判断が重要である。論文作成など正統的な利用法のほかに、電子日誌、電子ファクス、データベース検索が有用だ。予定表は電子メディア向きでない。

3　パソコンで作成するファイルについても、内容で分類せず、ひたすら時間順に並べる。これが、検索の第一キーになる。

このほかに、つぎのような補助キーを用いる。

・拡張子による形式区別（論文、通信文など）。

・相手先の組織名を用いるファイル名。

・最終的なキーは、テキスト中の「ことば」である。

第三章　整理法の一般理論

第一章では紙媒体の情報について、第二章ではコンピュータで処理する情報について、それぞれ、実際的な方法論を述べた。この章では、超整理法（時間軸検索法）をより広い観点から位置付け、他の整理法と比較する。

1 反分類型整理法の系譜

超整理法発生史

私は、学生時代から、整理法の本はかなり読んだ。カード、キャビネット、さまざまのファイル用具、すべて試みた。しかし、うまく機能しない。そして、死体の山を累々と築いてきた。

時間順方式を最初に採用したのは、コンピュータ・ファイルだったように思う。それまでは内容別にフロッピーを区別し、ハードディスクのディレクトリもツリー構造にしていたのだが、ファイル数が増加するにしたがって、収拾がつかなくなってきた。止むをえず時間順に並べたら、意外なことに、まったく支障なく検索できることを発見したのである。

紙の資料を封筒で整理するというのは、かなり前から行なっていた。ただ、内容別に分類をしていた。そして、分類に伴うあらゆる問題に悩まされていた。あるときから、事務書類について時間順配列にしたら、これもうまく機能する。そこで、この方式を全書類に拡大したのである。メモもそうである。私は、システム手帳が流行するかなり前に、小型ルーズリーフ式の手帳を使っていた。これをカードと同様に使おうとして、経済データ、景気動向などといった項目別に分類していた。しかし、分類に手間がかかっただけで、うまく機能しない。こうして、メモも、いつのまにか時間順配列になっていた。

これらは、互いに独立に、自然発生的にできたものである。そして、名刺も時間順に保存するのがよいことが分かったとき、すべての情報管理が、図書館方式（内容分類方式）から時間順方式に移行していることに気がついた。そして、時間軸がもっとも確実な検索キーであり、効果・労力比率が高い方法であると、明確に理解したのである。*

以下に述べるのは、超整理法のルーツである。いずれも、内容分類に頼らずに検索を行なおうとしている。そこで、これらを「反分類型整理法」と呼ぶことができよう。考え方が面白かったので、頭に残っていた。これらが無意識のうちに超整理法を生んだのだと思う。

＊　本書を書くために、整理法の本を五十冊以上読んだが、時間順検索に肯定的な評価をしていたのは、つぎの三つしかなかった。

第一は、仲本秀四郎『情報を考える』（丸善ライブラリー七三、一九九三年）である。ただし、ここでは、つぎのように、時間順方式を単なる簡便法とみている。「記憶の良い人なら情報を受け取り順に並べればよい。結構、有用な方法で、整理する以前はこの方法によることが多い。しかし、それも限界があることを知る」（八三頁）。

第二は、小田島弘「パソコンによる情報管理の実際」（川勝久『新・情報整理学』ダイヤモンド社、一九八五年）で、パソコン情報の管理について、つぎのように述べている。「情報は日付順にファイルするだけですむこと。分類することはズボラ人間にとって耐えがたい面倒くささと、時間を消費するためである」（一二三頁）。残念なことに、これ以上の詳しい説明がなされていない。

第三は、佐野眞『自分だけのデータ・ファイル』（日本エディタースクール出版部、一九九三年）で、ここでは、新聞記事切抜きの整理について、内容による区分けをやめて実物は日付順に配列する、ただし別に索引を作る、という方法を紹介している（九八頁）。これは、本章で後に「検索簿方式」と名づける整理法である。ただし、これは手間がかかる。佐野氏自身も、「索引を作ることが目的の仕事のように感じられ始めた」と述べている（九九頁）。

なお、本書の脱稿直前に刊行された本野今『スマート要領術入門』（日本実業出版社、一九九三年）は、第二章のタイトル「ファイリングの基本は時系列」に見られるように、時間軸検索にかなり積極的な効用を認めている。ただし、テーマ別分類などとの併用が提案されており、徹底した時間順検索ではない。これは、あとで述べる用語を用いれば、「区分けされた順次ファイル方式」である。

これは、名著『新物理の散歩道』で提案されていた、斬新な図書館のアイディアである。* 第一年目には、新しく到着した本とその年に読んだ本だけを、別の本棚に収納する。つぎの年には、その年に新しく到着した本と読んだ本を、第三の本棚に収納する。第二の本棚に残った本は第一の本棚に戻す。すると、第二の本棚が空く（焼畑となる）ので、第三年目には、新しく到着した本と読んだ本をここに収納する。こうした手続きを繰り返していくと、第一の本棚には、使われなかった本が残る。そこで、これらを不要物とみなし、捨てる（あるいは、保存図書館に収納する）。

これが「焼畑方式の図書館」のアイディアである。右の説明を一読するだけでは分り難いと思うが、要するに、読まない本を自動的に選別するシステムである。この考えは非常に面白かったが、実行はしなかった。その理由は、第一章で述べたように、本はセンチメンタル・バリアが高く、捨てられないからである。また、本の場合には、最近使ったものが重要とは必ずしもいえない。

しかし、これは、画期的なアイディアである。とくに、「使わないものはいらない」「それを自動的に選別する」という発想は、頭に焼きついた。押出し法を取るようになったとき、この考えに強く影響されていたことは疑いない。

実際、押出し方式は、焼畑方式と本質的に同じものであることが、厳密に証明できる。つまり、単位期間（焼畑方式では一年間）を無限に短くし、焼畑をつねに先頭に出し、かつ区別した本棚の間の隔壁を取り払えば、それがすなわち押出し方式である。超整理法は、焼畑方式の基本的な発想を踏襲し、これを進化させ、より適切な対象（書類と資料）に応用した。この意味で、焼畑方式の正統の嫡子なのである。

＊ ロゲルギスト『新物理の散歩道』第二集、中央公論社、一九七五年、一九一―二一三頁。

検索簿方式

これは、モノ（物理的な意味での書類や資料など）と検索用情報を切り離す、という方法である。モノは、到着時間順に格納し、別に検索簿を作る。検索簿は、さまざまな角度から検索できるようにする。

図書館も、ある程度以上の規模で閉架式の場合には、この方式を用いているようである。つまり、物理的存在である本は、到着順に書庫に入れていく。そして、詳細な索引を別途作り、コンピュータで管理する。国立民族学博物館でも同じ方法を使っているようである。＊

しかし、この方法は、個人が行なうと、まずまちがいなく破綻する。とくに、扱う書類が多く、アシスタントがいない場合には、そうである。

もっとも、捨てることを考えなくてよい資料（あとでいう「ストック」としての情報）について

私の失敗(6)　理想システムはかくして破綻

検索簿方式は、理論的にはきわめて優れている。多分、理想的な方法であろう。個人でも実行可能である。実際、私はこの方法を教育社社長の高森圭介氏から、15年以上前に教えていただいて、即座に実行した。「モノと情報は別であり、検索のためには情報を管理すればよい」という発想はきわめて興味深く、魅力的であった。

その頃はパソコンの能力が低かったので、検索簿は手書きのものである。これは、記念碑として今でも残してある。10個程度の大項目（財政、税、事務書類、カタログなど）をたて、各々を中項目に分けた。たとえば、「財政」は、財政一般、昭和53年度予算、米、国鉄などとなっている。そして実物は、ファイリング・キャビネットに時間順に入れて通し番号をふった。

当初は、きわめてうまく機能した。しかし、この方式で格納するには、手間がかかる。アシスタントがいないと、運営は困難である。忙しいときには、いちいち検索簿に登録をして格納するのが面倒なので、「家なき子書類」が机の上に積み重なっていく。とくに、一時に大量の資料が到着したときなどは、そうなりやすい。また、頻繁に使うファイルをいちいち登録したり、使用後に元に戻すのは、煩瑣なだけで実益がない。

しかも、捨てるプロセスが組み込まれていないので、キャビネットがすぐに一杯になる。また、捨てるときは、名簿からも削除しなくてはならず、これもかなり面倒である。こうした理由で、ついに破綻した。

この例からも分かるように、理論的に優れていることと、専門の担当者がいない状況でうまく機能するかどうかは、まったく別の問題である。■

は、これが理想的な保存方法であることはまちがいない。私も、アシスタントを頼むようになってから、自分の書いた論文などについては、例外的にこの方式で管理している。実物はファイリング・キャビネットに時間順に並べて、パソコンのカードソフトで検索簿を作る。ただし、これは大変な作業で、システムを完成させるのに約一年かかった。新しいものの収納だけでも、かなりの作業量である。自分だけでは、とても管理できない。

＊ 民族学博物館の収納システムについては、荒俣宏『データベース夜明け前』（ジャストシステム、一九九二年、七六、七九頁）を参照。
なお、林晴比古『パソコン書斎整理学』（ソフトバンク、一九九〇年）では、山根式に索引を作り、これをコンピュータで管理する方法が提唱されている。その際、実物は到着順に置く。これは、検索簿方式にほかならない。

ミシュラン、百科事典、山根式

「ミシュラン」というのは、ヨーロッパの旅行案内書である。この本では、都市が地域別でなく、都市名のアルファベット順に並べてある。[*1] だから、遠く離れた都市が隣り合わせになっていたりする。初めはびっくりする。ミシュラン・ショックである。

しかし、慣れると、実に使いやすい。知りたいのは、町そのものであって、それらの間の相互

BOX 5．ミシュラン

ミシュランは、実に面白い本で、これにまつわる話を書いていったら、それだけで1冊の本になりそうだ。ヨーロッパではきわめてポピュラーで、007ジェームズ・ボンドも愛用していたらしい。ガイドにしたがってパリの裏通りを歩いていると、同じ本を見ながら歩いている人に出会ったりする。

最近では日本でも翻訳が出たが、これは、観光案内の青本である。ミシュランの真髄は、ホテルとレストランの点数評価を行なっている赤本（Guide rouge）にある。これで選んで裏切られたことは一度もない。こうした客観的な評価が、ホテルやレストランの競争を促している。日本でホテルやレストランがべらぼうに高く、暴利をむさぼっているのは、こうした客観的な評価をする情報誌がないことが、大きな原因だろう。■

関係ではないのだから、アルファベット順に並べるほうが合理的である。索引を作って引くようにしてもよいが、それでは二度手間になる。日本のガイドブックは、地域別に並べてあるが、目次や索引が不完全で、目的の場所を探すのに苦労することがある。

実は、ミシュランと同じ方式のものは、昔からあった。それは、百科事典である（ただし、ブリタニカ百科事典のような大項目主義でないもの）。ここでは、内容の重要度や項目間の関連を考慮せず、項目名の五十音順で配列している。内容に関する分類を排して機械的に配列している点で、ミシュランと同じ考えであり、超整理法の考えに通じるところがある。

新聞でみた言葉の意味をとにかく知りたいときなどに、知識の体系を知らなくとも検索できるから、便利である。日本には、索引を作る発想が薄い。だから、体系を知らない「よそ者」には、検索できない場合が多い。たとえば、官庁の建物内にある課の案内図は、組織別に書いてある。これは、ある課がどの局に属しているかを知らないと、引けない。業種別電話帳も、探したい対象がどの業種に分類されているかを知らないと、検索できない。大学の授業時間表も、科目名や教官名で引けることが望ましいが、そうなっていない。音楽店では、CDを交響曲、室内楽などと区別しているが、音楽家の名前だけで並べるほうが探しやすい。

これに対して、「内容分類をせずに配列する」という考えは、ヨーロッパには、かなり多く見られる。

第一は、街路番号方式である。町の中の地点を示すのに、××町××番地としないで、××通り××号と表示する。検索する場合、地域によらず、道の名のアルファベット順で引く。ここでの基本的発想も、分類しないことである。これは、日本の番地方式(地域を大分割し、個々の地区をさらに分割する。これは、図書館方式である)と異質なもので、百科事典と同じ発想である。

鉄道の時刻表もそうである。ヨーロッパの駅にある時刻表は、行先駅名のアルファベット順で引く。だから、目的駅がどの路線にあるかを知らなくともよい。日本の時刻表では、路線を知っている必要がある(最近、日本の駅にも、地図でなく、駅名の五十音順に配列した運賃表ができた。これは、便利だ。なお、ほぼ同時に書きかえられた運賃地図は、奇妙にデフォルメされているため、非常に見づらい)。

日本人は、このような考えになじまないと思っていたら、百科事典と同じ発想の整理法が現われた。それが、第一章で紹介した山根式である。[*2] これは、ファイル名の五十音順で並べる方式である。内容分類をしない整理法という意味で、興味深い。

＊1　もっとも、ミシュランが機能するのは、ヨーロッパで都市地域が農村部から画然と区別されているという背景によるのかもしれない。

また、ミシュランも、ロンドン、パリ、ベルリンなどの大都会は、いくつかの地区に分けて整理してある。これは日本の場合と似たようなものである。

＊2　「分類するな配列せよ」。これは、梅棹忠夫氏の言葉である（紀田順一郎、荒俣宏『コンピューターの宇宙誌』ジャストシステム、一九九二年、七九頁）。梅棹氏はまた、「分類したら絶対だめだ。分類をやりはじめたら収拾がつかなくなる」ともいっている（三四頁）。

しかし、ここで考えられているのは、五十音順による配列のようである。つまり、「山根式」である。実際、『私の知的生産の技術』（岩波新書、別冊三、一九八八年）では、「情報の分類ということは、原理的にできないことである。そのカードなりきりぬきなりの位置が一義的にきまるような分類法などあるわけがない。（中略）必要な情報が必要なときに取りだせるようにするには、カードやファイルを内容によって分類するよりも、表題をアルファベット順などの方法で配列するほうがよい」としている（五頁）。

なお、梅棹氏は、これに続けて、「このことも『知的生産の技術』にすでに書いてある」といっている。しかし、『知的生産の技術』では、「分類は緩やかなほうがいい」、「主体的な関心のありかたによって区分するほうがいい」（五九頁）、「分類するならカードボックスに入れる時にする」（六〇頁）、「（ノートは）項目ごとにまとまりをもったかきかたをするのがいい」（三六頁）などとされており、内容別分類が念頭におかれているようである。少なくとも、五十音順の配列ということは主張されていない。

また、民族学博物館の「収蔵庫は、到着順でどんどん詰めています」（『コンピューターの宇宙誌』七七頁）という考えと、五十音順配列とがどのように関連しているのかは、明らかでない。

2　整理法の分類学

四つの基本形

以上で述べた整理法をまとめると、表1に掲げる四つになる。

図書館方式と山根式では、実物の置き場を主要なキーとしている。前者は内容分類により、後者はファイル名の五十音順により置き場所をきめている。検索簿方式と超整理法（時間軸検索）

	図書館方式	百科事典方式（山根式）	検索簿方式	超整理法（時間軸検索）
実物の置き方	内容分類	五十音順	到着順	到着順，使用順
使用したもの	元に戻す	元に戻す	元に戻す	最新順に入れる
検索の主要キー	実物の置き場（内容分類）	実物の置き場（ファイル名）	検索簿	時間順
補助キー	索引カード			封筒の色分け（書類の場合）拡張子，ファイル名（コンピュータの場合）

表１　整理法：４つの基本型

では、実物は到着順に置く。ただし、後者では使用したものは最新順に置く。前者では、実物と別に検索簿を作り、これによって検索を行なう。なお、この方式では、番地さえ明らかなら、実物の置き方はどうでもよい。だから、もっとも簡単な到着順に並べることになる。

ランダム・アクセスと順次アクセス

検索の方法には、大きく分けて、レコード型とテープ型がある。音楽のレコードは、針を途中に下ろすことで、任意の箇所から聞くことができる。これに対して、録音テープの場合には、最初から再生していかなければならない。早送りは可能だが、目的の場所に直接に飛ぶことはできない。レコードのような方式を「ランダム・アクセス」と呼び、テープのようなのを「シークエンシャル（順次）・アクセス」という。[*1]

検索のスピードは、一般にランダム・アクセスのほうが速い。したがって、これまで考えられた整理法は、例外なく、ランダム・アクセスが可能なシステムを構築しようとしている。図書館方式では内容により、山根式では項目の五十音順により、それぞれ実物の置く場所を決めることによって。検索簿方式では、検索簿の作成によって。

しかし、問題は、ランダム・アクセスを可能とするシステムを構築し、維持するためには、手間がかかることである。それだけではない。ランダム・アクセス方式では、いったん決めた置き場所（番地）は、絶対に変更してはならない。「とりだしたら、あとはかならず、もとの位置にもどす」「これを厳格に実行できるかどうかが、整理がうまくゆくかどうかのきめ手である」[*2]。まったくそのとおりであって、これが実行できないと、システムは大混乱に陥る。しかし、実際には、これは容易ではない。開架式図書館がもっとも恐れているのは、利用者が本を元に戻さないことだ。個人の書類システムでも、「家出ファイル」によって秩序が崩壊しやすいことは、第一章で述べた。

超整理法では、使ったものを元の位置に戻さず、最新順に置く。これが他の整理法と決定的に異なる点である。簡単であって実行しやすいが、それだけでなく、これによって使う可能性が高い書類を自動的に分別していくことになる。

このように、番地がつぎつぎに変わるという点で、超整理法における時間順方式は、通常のシークエンシャル・アクセスとは異なる。そこで、これを「ダイナミック・シークエンシャル・ア

BOX 6．ランダム・アクセス方式の講演

日本での講演は、普通は講師が一方的に話す。つまり、シークエンシャル・アクセスで内容が伝達される。

これに対して、アメリカでの講演は、講師が話すのは最初の15分くらいで、あとは聴衆の質問に答える方式をとることが多い。聴衆が知りたい点を取り出して話しているわけだから、ランダム・アクセス方式の講演といえる。

聴衆からすれば、聞きたくないことを延々と聞かされるより、このほうがずっとよい（ただし、エキセントリックな質問者がいないことが前提である）。実は、話すほうからしても、一方的に話すだけだと聴衆の要求に応えているかどうか分からず不安なので、ランダム・アクセスのほうが話しやすい。少なくとも、私はそうである。■

クセス」と呼ぶことができよう。

これと同じ発想をとっているものは、実はほかにもある。それは、学習機能をもったワープロの漢字変換辞書である。ある読みに対応する漢字は、辞書に記載された順に一つ一つ出てくる。つまり、シークエンシャル・アクセスだ。しかし、配列順は固定的でなく、使った漢字が最新順になる。これは、超整理法とまったく同じで、ダイナミック・シークエンシャル・アクセス方式だ。

もうだいぶ前になるが、アメリカでワードプロセッサができたとき、日本語の場合の漢字変換をどのようにやるかを、友人と議論したことがある。そのとき誰もが考えたのは、画面いっぱいに候補を出して、そこから指定するというような、ランダム・アクセス方式であった。シ

ークエンシャル・アクセスで実用化できるとは、思ってもいなかった。ダイナミック・シークエンシャル・アクセスは、時としてランダム・アクセスよりスピードが速いことを、漢字変換が実証している。

なお、ランダム・アクセスの迅速さとシークエンシャル・アクセスの簡便さの両方を享受するため、これらを併用したらどうか、と考えられるかもしれない。具体的には、分類はごくあらくしておいて、その中では時間順に並べるという方式である。これを、「区分けされた順次ファイル方式」(Partitioned Sequential Filing) と呼ぶことができる。

第一章の2で述べたように、私もこれを試みたことがある。連絡書類、資料(ここはさらに数項目に分ける)、住所録、カタログなどと区別して、その中で時間順に並べた。しかし、これはうまく機能しない。このようなあらい分類でも「こうもり」が発生するし、分店に伴う在庫引継ぎ問題が発生する。また、捨てる作業が面倒になる。これは、ランダム・アクセスとシークエンシャル・アクセスの欠点をかね備えたシステムになってしまった。

*1 コンピュータにおけるランダム・アクセス・ファイル、シークエンシャル・アクセス・ファイルなどの概念については、山下伸之『やさしいファイル編成入門』オーム社、一九九一年などを参照。

*2 『知的生産の技術』八二、八三頁。

どのカテゴリーを優先するか

第一章や第二章で述べたことからも分かるように、超整理法でも、分類をまったく排しているわけではない。ただ、それは、あくまでも補助的な位置に置くこととしている。

この問題を、やや一般的な観点から捉えてみよう。情報やモノは、いくつかの属性をもっている。たとえば、本書は、日本語で書かれた新書判の本であり、整理や発想という問題を扱っている。そして、一九九三年に中央公論社から刊行された。いま述べただけでも、使用言語、サイズ、内容、刊行時、出版社という五つの属性、あるいはカテゴリーを挙げたことになる。

問題は、検索のためにどのようなカテゴリーを選び、それらをどのような順序で配列するかである。普通の書店では、まず、和書を洋書から区別する。つぎに、新書のコーナーがあり、出版社別に区分されている。その中では、シリーズ番号順に並べてある。つまり、使用言語、サイズ、出版社、刊行時の順に配列していることになる。小説などの文庫本の場合には、使用言語、サイズ、出版社、著者名というカテゴリーが選ばれ、この順に配列がなされている。

これに対して、開架式図書館では、サイズ、出版社などのカテゴリーは無視し、内容というカテゴリーだけを取り上げて配列する（そして、別途、著者名や書名の索引を用意する）。

このように、カテゴリーの選択とその配列には、さまざまな方法が考えられるのである。数学者ランガナータンは、図書分類の問題をこのような観点から考え、「コロン分類法」という新しい分類法を考案した。*

パソコンの表計算ソフトやカードソフトを用いてデータ処理を行なっている人には、以上で述べたことは、馴染み深いものであろう。たとえば、表計算のソフトで学生の成績表を作っているとする。ここには、学籍番号、性別、氏名、点数などが記載してある。通常は学籍番号順に並べてあるが、女子学生だけについて点数順（同点の場合には学籍番号順）を知りたい場合には、第一キー：性別、第二キー：点数、第三キー：学籍番号と指定して、並べ変え（ソーティング）を行なう。ここでいう「キー」が、カテゴリーである。

表計算ソフトの用語を用いて超整理法の考えを述べれば、つぎのようになる。

第一キーは、時間（作成時点または使用時点）である。第二キーは形式分類である。紙媒体情報の場合には、論文、資料、名簿、カタログ、手紙などの色分けによる区別であり、コンピュータ・ファイルの場合には、論文、通信文、メモなどの区別である。コンピュータ・ファイルの場合には、さらに第三キーとして、相手の組織名を用いる。紙の場合には、重要なものについて、適宜、第三キーを設定する。

これが個人用情報検索システムに適したカテゴリーであり、配列順である理由は、すでに何度も述べた。時間順を第一キーとする理由は、最近のファイルを多用する（つまり、古いものは使わない）からであり、時間順に関する人間の記憶は確かだからである。また、形式分類や組織名を用いるのは、分類に関する諸問題（こうもり問題、その他問題、「君の名は」シンドロームなど）が比較的少なく、項目名が安定的だからである。

ところで、書店や開架式の図書館では、対象を一次元的に並べる必要がある。このため、内容別と出版社別のいずれを優先するかというような、配列の順序が重要な問題となる。しかし、超整理法の検索では、キーを必ずしも一つずつ順次に使うわけではない。実際、コンピュータ検索の場合には、時間範囲を限定した後は、第二、第三キーを同時に使って「串刺し」にする。数学的に表現すると、三次元空間の一点として同定する。紙の場合も、時間軸が優先ではあるものの、色による区別をほぼ同時に用いることもある。

＊　吉田政幸『分類学からの出発』中公新書一一四八、一九九三年。

ストック情報からフロー情報へ

従来の整理法では、情報をストックとして扱っている。つまり、将来に向かって価値が減少することを重視していない。したがって、「いかに保存するか」に重点があり、「いかに捨てるか」は、副次的なこととしか考えられていない。

情報が比較的少ない時代には、こうした考えが妥当したかもしれない。しかし、現代のように情報が増えてくると、基本的な考えを転換する必要がある。つまり、情報とは生まれ消えるものであり、一定の寿命を持ったフロー量である、と捉える必要があるのだ。

もちろん、いつまでも保存すべき情報はたくさんある。しかし、これらの多くは、図書館やデータベース・サービスが保存してくれる。だから、個人のレベルでは、フローとしての情報に専念すればよいのだ。第二章で述べたようなデータベース・サービスの発達によって、この傾向はますます強まる。

したがって、個人レベルでは、最近発生する情報ほど重要である。このような情報を、第一章では、「ワーキング・ファイル」「活性ファイル」と呼んだ。通常の整理法は、これらについて適切な処置をせず、古くなって使わないものを大事に扱う傾向を持っている。ワーキング・ファイルは分類をしなくてもすぐに分かるのだから、これらをその都度分類し、そこからいちいち引き出してこなければならないのでは、かえって不便だ。

経済の分野では、所得などのフロー量に対して資産などのストックの重要性が高まっている。この現象は、「ストック化」といわれる（私自身も、中公新書で『ストック経済を考える』という本を書いた）。しかし、情報については、事態が逆で、むしろ、ストックからフローへの変化が生じているのである。

3　最適な整理法は何か

ノウハウでなく科学を

本書は、情報管理について、単なるノウハウの寄せ集めではなく、科学の確立を目指している。つまり、結論を導き出すための前提や条件、そして論理の筋道を、検証可能な形で示すことを心がけている。こうすれば、前提や条件の正しさをチェックすることで、結論の妥当性を誰もがチェックできる。「自分の経験ではこの方法がよかった」という単なるコツやノウハウ、あるいは「術」とは、この点で違う。

なんと大げさな、と思われるかもしれない。しかし、そうではない。これには、実用上の重要な意味がある。

第一に、前提となる条件の変化に応じて、結論を変えられる。とくに重要なのは、変わるだろう。コンピュータ技術の進歩とコストの低下である。それにより、情報管理の具体的な方法は、変わるだろう。しかし、原理と基本的な方法論が確立されていれば、新しい方法は容易に見出せる（もっとも、「分類しない」という超整理法の基本的な発想は、コンピュータが発達するほど、ますます有効性が高まるはずだ）。

科学的方法をとるいま一つの重要な利点は、推論ができることである。結論が演繹的に出せるので、いままで無意識にやっていたことを改良でき、よりよい方法が発見できる。また、仕事の環境や内容に応じて、最適な方法が見出せる。

単純な迅速性だけが整理法の基準ではない

情報の保存・検索システムの評価基準として誰もが考えるのは、検索の迅速性であろう。この点で、シークエンシャル・アクセスをとる時間順方式は、一見して見劣りがする。

しかし、第一章で述べたように、重要なのは、資料全体としての平均アクセスタイムである。これは、つぎのことを意味する。第一に、システムに収納されていないファイルをも考慮しなければならない。第二に、頻繁に使うものが早く検索できれば、平均アクセスタイムは短くなる。第三に、検索簿を使う場合には、それが起動されるまでの時間も考慮する必要がある。

これは、単純な意味での検索スピードのほかに、いくつかの基準があることを意味する。それらを列挙すれば、つぎのようになる。

(1) ハードルは低いか？

手間がかからず、簡単に運営、維持できるか。仕事の一環として、本来の仕事の流れを中断せずにできるか。個人の場合、アシスタントを使わず、一人で運営できるか。

ハードルが高いと、「家なき子ファイル」が出る。これらは頻繁に使うファイルであることが多いので、平均アクセスタイムに与える影響は大きい。

人間は怠慢なので、これに寛容なシステムが望ましい。それを精神訓話で直そうとするのはまちがいである。怠慢さを前提として、なおかつ機能するシステムが必要である。

(2)　フェイルセイフか？

事故が起きたとき、壊滅的な被害が生じないことが必要である。これを「フェイルセイフ」条件と呼ぼう（「フェイルセイフ」とは、事故が発生した場合に、機械が安全側に動作することをいう）。ここで、事故とは、最初の分類で誤った項目に入れること、使った資料が放置されること、戻されてもまちがった項目に入れられること、項目名を忘れること、検索簿が破壊されることなどを指す。

(3)　捨てるためのプロセスが組み込まれているか？

紙の場合には、不要なものを捨てることが必要である。不要物が残存していると、検索スピードがおそくなる。また、収納庫の物理的な制約から、「家なき子ファイル」を発生させる原因にもなる。

しかし、捨てる作業は後回しになりがちだ。そこで、捨てるプロセスがシステムの中に組み込まれていることが望ましい。

(4) フレキシブルか?

変化する条件に柔軟に対応できるか。それまでの分類項目が必要なくなったり、新しい項目が必要になった場合、簡単に対応できることが必要である。新しい分類項目をたてるとき、保存しているストックを全部組み替えるのだと、大変な手間になる。

(5) エントロピーが減少するか?

整理した直後は整然としていても、使っているうちに次第に崩壊するのでは困る。通常の整理法では、誤入やファイルの家出などにより、体系の無秩序度(エントロピー)が時間の経過とともに増大していく。

(6) ファイルを多くの人が共通にアクセスできるか?

図書館は、もともとこれを目的としている。また、会社などでも、共用できるファイルが必要とされる場合があるだろう。

各方式の長所・短所

この観点から、前記の四方式を評価してみよう。

(1) **図書館方式**

(長所) 情報収集者以外の人が利用するには適当(デパートの買物と同じ)。検索も迅速にできる。

（短所）分類に伴う一般的問題が生じる。これによって秩序が徐々に崩壊していく。ファイルの管理を専門的に行なう担当者がいない場合、エントロピー増大法則にさからうのは難しい。また、分類を変更する必要が生じたとき、対応が難しい。自動的には捨てられない。

(2) 百科事典方式（山根式）

（長所）分類に伴う問題がないので、簡単にできる。タイトルが分かれば、検索も迅速である。

（短所）タイトルが五十音順になっているので、どのような命名をするかが、決定的に重要だ。しかし、命名のルールは確立できない（ミシュランの場合は、都市名という固有名詞だからうまく機能するのである）。そこで、「君の名は」シンドロームが発生して、検索できなくなる危険がある。これは致命的な事故であり、この点で、フェイルセイフ条件が満たされていない。

この事故に対処するには、別途、検索簿を用意する必要があろう。すると、かなり手間がかかり、簡単さというメリットが失われる。そして、限りなく検索簿方式に近づいてしまう。また、どうせ検索簿を作るなら、実物はもっとも簡単な方法である到着順におけばよい。

さらに、自動的には捨てられない。一見して共有ファイルにできそうだが、タイトルを知らないと、ほかの人は使えない。

(3) 検索簿方式

（長所）情報収集者以外の人も検索簿で検索できる。分類に伴う諸問題を克服している。たとえ

私の失敗(7)　検索簿方式で検索簿が破壊されると……

本文で述べたように、私は、自分の書いた論文については、例外的に検索簿方式で保存している。

しかし、あるとき、コンピュータの操作ミスで、検索簿の一部を破壊してしまった。もちろんコピーはあったが、最新のものではなかった。このため、検索できないものが発生してしまった。しかも、それがどれなのかが分からない。こうなると、最初から実物といちいち照合して検索簿を作り直すしか、対処の方法がない。この作業に大変な労力を費やし、修復に数か月かかった。

検索簿方式が、フェイルセイフ条件を満たしていないことを、この経験が雄弁に物語っている。■

ば、こうもり問題は、複数の項目に該当印を打つことで簡単に対処できる。分類を変更する必要が生じても、検索簿だけを組み替えればよいから、比較的容易に対応できる。

図書館や博物館などで、専門家が維持している限り、もっとも理想的な方法である。個人でも、アシスタントがいれば、重要資料などについて、利用できる。

(短所) 手間がかかる。検索簿のメンテナンスが適切にできないと混乱する。だから、専門の担当者がどうしても必要である。検索簿が起動されていれば検索は迅速だが、起動に時間がかかる。自動的には捨てられないので、スペースが一杯になる。

(4) 超整理法(時間軸検索)

(長所) 分類に悩まなくてすむから、簡単にできる。分類に伴う諸問題が発生しないので、運営も簡単。多くの事故に対してフェイルセイフ条件を満たしている。

自動的に捨てられる。フレキシブルである。ほとんどの整理法が、秩序が徐々に崩壊するという「エントロピー増大問題」を抱えているのに対して、超整理法では、仕事を行ないながら秩序が自動的にでき上がってくる。

（短所）システムの作成者以外には検索できない。作成者にとっても、検索がやや不便で、検索に時間がかかることがある。とくに、長期にわたって使用していなかったファイルの検索を行なうなど、最悪の場合に、検索時間が長くなることがある。緊急の場合や、ファイルが出るのを誰かが待っている場合には、これは問題となりうるだろう。

最適な方法は何か

以上をまとめると、表2のようになる。

どれがよいかは、さまざまなファクターに依存している。とくに重要なものとして、つぎの三つがある。

第一に、電子媒体になっているか？　なっている場合、少なくとも元帳は、超整理法の考えをとって時間順に配列するのがよい。

	図書館方式	百科事典方式（山根式）	検索簿方式	超整理法（時間軸検索）
検索スピード	かなり速い	かなり速い	もっとも速い	遅いことがありうる
簡単か	かなり面倒	かなり簡単	もっとも面倒	もっとも簡単
フェイルセイフ条件	満たさず	満たさず	満たさず	満たす
事故の種類	元に戻さない。誤分類に投入	元に戻さない。名前を忘れる	元に戻さない。検索簿の破壊	
捨てる判断	困難	困難	判断はある程度できるが，実行が面倒	容易
変化への対応	困難	困難	可能	問題なし
秩序の時間的推移	徐々に崩壊	崩壊の危険	崩壊の危険	徐々に改善
共有できるか	できる	できない	できる	できない

表2　4つの整理法の比較

第二に、整理を専門的に引き受けてくれるアシスタントや担当者がいるか？　いる場合には、もっとも理想的な整理法である検索簿方式をとるのがよい（とくに、ストックとして扱うような情報の場合）。

第三に、共用ファイルか否か？　共用する必要がある場合には、図書館方式か検索簿方式をとるしかない。

これらのいずれにも該当しない場合、つまり、整理専門担当者がいない個人用の紙媒体情報の場合には、仕事のパターン、書類の発生量、平均的な保存期間等々を考慮して、適切なものを選ぶ必要がある。これらの条件と独立に、どの方法が最適かをいうことはできない。

分類項目が固定的で、捨てるものがあまりない場合（つまり、情報をストックとして扱える場合）

には、図書館方式か山根式がよい。項目が少ない場合はどちらかといえば前者が、多い場合には後者が適切なことが多いだろう。

　分類項目が流動的で、扱う書類の量が多い場合には、これらの方式はうまく機能しなくなる。とくに、伝統的な方法である図書館方式をとると、まず、まちがいなく破綻する。

　この場合には、検索簿方式か押出し方式がよい。整理に時間をさけない場合には、押出し方式をとるしかない。ある程度の時間がさけ、捨てるものがあまり発生せず、しかも検索の迅速性が至上命令である場合には、検索簿方式を試みることが考えられる。ただし、うまく運営できる保証はなく、破綻する危険が強い。

「個人用」ということの意味

　これまで述べてきたように、超整理法の対象は、個人用の情報システムである。* このことの意味を、いま少し述べておこう。

　「整理をするには秘書を使え」というアドバイスをしている本がある。しかし、情報管理をすべてやってくれる秘書のコストは、かなり高いはずである。しかも、現在では、女性の社会的活動の場が拡大したので、秘書のコストはますます高くなっている。こうしたサービスを個人で利用できる人は、あまり多くないだろう。

さらに、オフィスで仕事のすべてが終わるわけではなく、自宅でかなりの仕事をする人もいる。だからといって、秘書をいつもそばにおいておくわけにはいかない。社長といえども、専用の秘書を四六時中使うわけにはいくまい。このようなことを考えると、個人で維持・運営できる情報システムを作る必要性は、昔に比べて強まっている。

さらに、秘書がいる場合でも、書類の処理方法をいちいち指示するのは面倒だ。秘書が仕事の内容を完全に把握しており、何の指示をしなくとも、要保存書類と廃棄書類を分別し、前者を適切に分類してくれる、というような状況は、通常はありえない。そこまで判断ができるのであれば、それはもはや秘書ではなく、ボスそのものであるとさえいってよい。

個人用ということの第二の意味は、対象が共用ファイルではないということである。図書館は、不特定多数の人が利用する。したがって、誰でも検索できなければならない。企業内の業務書類も、複数の人間が同一のファイルを使う。また、担当者が変わっても検索できなければならない。

しかし、個人用システムは、本人だけが検索できればよい。他人のためのシステムではない。「よく整理された書類は、多くの人の共有財産になる」といわれる。まったくそのとおりだ。しかし、なぜ、普通の人間が「多くの人の共有財産」をつくるために努力しなければならないのか？　とくに、研究は基本的に個人作業である。役割分担を決めた共同研究はありうるが、基本は個人である。共有の研究資料を持つということは、少なくとも経済学の場合には、考えられない。あるのは、共通データだが、これはコンピュータ・ファイルなので、よほど大きくない限り、簡単にコピーできる。

実は、企業内の情報でさえ、かなりの部分は個人用ファイルになっている。役所に勤めた私の経験では、大部分の書類は、個人で保管・管理していた。コピーが簡単にできるようになると、ますますその傾向が強まる。とくに企画的な部門では、大部分の資料は個人が管理しているのではなかろうか。共通ファイルは、顧客名簿などだが、これらは、コンピュータ化されているだろう。コンピュータではコピーがきわめて簡単だから、個人化できる。つまり、集中システムから分散システムへの移行がますます進むだろう（この点については、終章で再び論じる）。

なお、記憶が共有されている場合には、企業でも時間軸検索が使える。たとえば、職場で共有する新聞切抜きや会議記録は、事項別でなく時間順のほうが検索が容易である（ただし、この場合は、使った資料は元の位置に戻す）。分類すると、分類に伴う問題の処理が分類者の恣意的判断に任される。さらに、時間順方式は、捨てるときに、古いものから捨てられるという点でも便利だ。

＊　梅棹忠夫氏も、『知的生産の技術』が個人向けのものであることを強調している（一七、二一五頁）。

モノは徹底分類

「内容による分類をしない」というのは、資料・書類やコンピュータのファイル、つまり「情報」についてのことである。「モノ」については、分類して置き場所を変えなければならない。つまりデパート方式をとるべきだ。

なぜなら、モノは、新種のものがつぎつぎに出てくるというわけではないので、分類項目が安定的だからである（企業の事務部門における定型的情報の処理も、ルーチン作業で分類項目が固定的なら、モノの整理と同じことである）。さらに、モノは、情報より陳腐化するスピードが遅いので、捨てることをさほど重視しなくともよい。

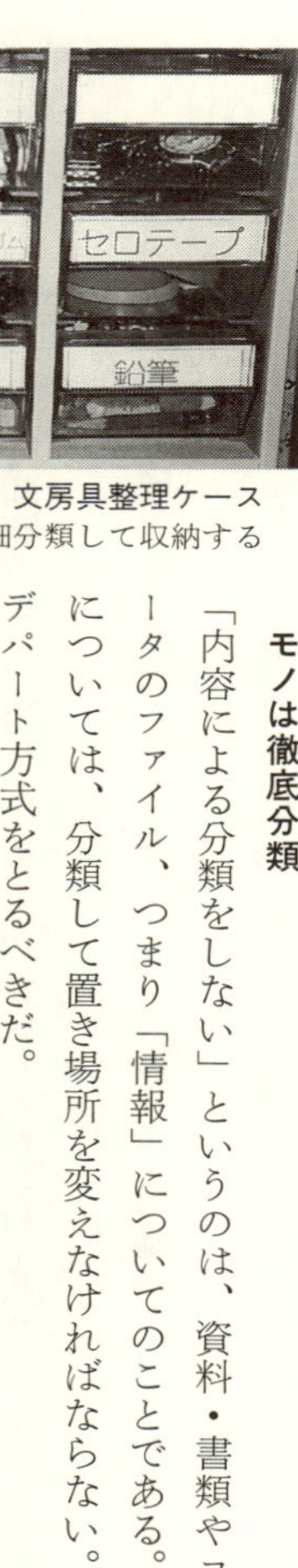

文房具整理ケース
徹底的に細分類して収納する

モノについてのデパート方式は、程度の差はあれ、誰もが行なっていることであろう。持ち物すべてを押入れに投げ込むのは、単なるものぐさだ。

私は、文房具については、マニアックなほど徹底的に細分類している。写真にあるような小物入れを使い、ペン、エンピツ、ケシゴム、ナイフ、ハサミ、ステイプラー、クリップ、のり、テープ、ラベル、ゴム輪、電池、等々、すべて別の箱に入れてある。ペンについては、黒と赤の区別さえしてある。くぎやネジも、種類だけでなく、長さでも分類してある。

入れ物として、家具店や日曜大工店などにあるプラスチック製の引出しは駄目だ。構造がしっかりして、引出しの出し入れがスムースなものは、ない。私は、カタログで選んだコクヨの引出し（外がスチール）を使っている。

しばらくすると机の上はちらかってくるが、すべて引出しに収納する。細分化してあるから、「いつも使うものは手近な机の上に置こう」という気にはならない。このシステムと書類についての押出しファイリングを併用すると、机の上を常時きれいに維持できる（少なくとも、仕事に一区切りついたときには、あっという間にきれいになる）。部屋は乱雑でも、仕事のための空間はちらからない。これは、仕事を進める上で、重要な心理的効果をもつ。

もっとも、時間の経過に伴って、家出現象、誤入などにより、文房具分類の秩序が崩壊するのは避けられない。これは、分類を用いるシステムの宿命である。

なお、モノであっても、流行など、情報的な要素が重要な場合は、押出し方式が有効である。ネクタイはその例である。また、音楽テープの保存もそうである（CDの普及で、テープは不要になるものが多いため）。さらに、接着剤、ペイントなど揮発性のもの、あるいは凝固してしまうものは、時間がたつと使えなくなる。これらについては、押出し方式よりは、その先祖である焼畑方式が便利だろう。つまり、一定期間内に使ったものを別の入れ物に収納し、もとの入れ物に残ったものを処分するのである。

第三章のまとめ

1　情報整理法の基本形としては、つぎの四つのものがある。
・図書館方式：もっとも普通に使われているもので、内容分類によって置き場所を変える。
・百科事典方式（山根式）：タイトルの五十音順に並べる。
・検索簿方式：実物は到着順に置き、別途検索簿を作る。
・「超」整理法（時間軸検索）：時間順に並べる。

2　ランダム・アクセス（目的物に直行できる方式）をとらない時間軸検索は、一見して、他の方式より検索スピードが遅いように見える。しかし、簡単にできるか、事故に強いか、捨てる判断が容易か、などの基準を同時に考慮する必要がある。

3　専門の担当者がいる場合には、検索簿方式がもっとも優れている。そうでない場合の個人用情報システムとしては、多くの場合に超整理法がもっとも優れている。

第四章　アイディア製造システム

この章では、新しいアイディアを産み出すための方法を述べる。

1　発想法は存在するか？

発想支援体制

これまでの章で述べたのは、情報の保存と検索である。これは、研究者にとっては補助的な作業に過ぎない。本来の仕事は、アウトプット、すなわち、新しいアイディアの生産だ。

これは、研究者に限ったことではあるまい。企業のなかでも、十年一日のような定型的業務の比重は下がり、企画的な仕事の重要性がますます増えてくる。そして、終章で述べるように、日本の将来は、こうした創造的活動に決定的に依存している。

では、アイディアを産み出し、創造的な活動をするには、どうしたらよいか？　発想法なりアイディア製造法というものは、そもそもありうるか？　私は、序章で分類の可能性について論じたとき、「解が存在するかどうかが最大の問題」と述べた。では、アイディア製造システムもまた、錬金術のようなものであろうか？

世に、「発想法」や「発想術」と銘うった本は多い。そこには、フローチャートやマトリックス、あるいは点検表や系統樹などを使ったさまざまな方法が提案されている。

しかし、私はこうしたものを基本的に信用していない。このような定型的な方法に縛られねばならぬのなら、発想とは、何と窮屈な作業だろう。アイディア生産は、もともと精神の自由な活動であるはずだ。それがいくつものルールに規定されねばならないというのは、どこかおかしい。

しかも、視点を変えよとか、マトリックスを使えというようなノウハウは、すぐに忘れてしまう（原則や法則がたくさんあることが問題なのかもしれない。第二章のBOX4で述べたように、馴染みのないものについて、三より多くをつねに憶えていることは難しい）。もちろん、論理や推論の筋道は重要である。しかし、このような基本は、数学などを通じて、すでに訓練されている。これに加えて特別の発想法が役立つはずがない。発想そのものに、手軽で都合の良いノウハウはありえないのだ。

しかし、発想を支援するための環境を整えることは、できる。「アイディア製造システム」をこの意味にとらえるならば、それは存在する、と私は思う。

少なくとも原理的な解は、明らかに存在する。

理想的なインキュベイター

それは、知的な人々を周りに持つことだ。そして、さまざまな問題を話し合う。そこでの刺激の中から、アイディアが生まれてくる。食事をしながら、コーヒーを飲みながら、雑談をしながら、あるいは、小人数の会合で。

原爆開発過程での科学者たちの逸話を読むと、きわめて興味深い。[*] 彼らがアイディアを産む場は、研究室や公式の研究発表会ではなく、旅行中の列車の中や食事のテーブルだ。重要なのは、中心人物であったテラーの周りに、フェルミやフォン・ノイマン、そしてベーテなど、超一流の科学者がいたことである。

経済学者ケインズが、若いときにブルームズベリー・グループという高踏的知識人の集まりに参加していたこと、また、後年、彼の周りにケインズ・サーカスという学者の集まりが作られたことは有名である。夏目漱石と弟子たちの集まりも同じだ。

これは、アイディアを産み、育てるための理想的なインキュベイター（孵卵器）である。いかにコンピュータを駆使したところで、こうした環境には遥かに及ばない。

しかし、残念なことに、これは誰にでも手に入るというものではない。それどころか、実は理想郷であって、普通の人にはほとんど望みえぬ代物だ。

まず、こうした人々は、どこにでもいるものではない。仮にいたとしても、あなたが一方的に利益を受けることはできない。あなたも相手に寄与する必要がある。有能な人間は、一方的な家庭教師に時間を取ってくれるほど暇ではないだろう。つまり、このインキュベイターは、双務的でないと成り立たないのである。そこで、われわれは、たとえ不完全であっても、次善の支援システムを探す必要がある。

誰にも利用できるアイディア製造システムとは、浮かんではすぐに消えるアイディアをつかまえ、これを編集する作業を支援する体制である。具体的には、メモの収集手段とパーソナル・コンピュータだ。この二つを組み合せると、アイディア製造機になる。

なかでも強力な手段は、パソコンである。「パソコンはアイディア製造機だ」と、私は思っている。こう書くと、何か特別のソフトが開発されたのか？　と思われるかもしれない。そうではない。以下に述べるように、現在のままでも、かなり強力な機械だ。

＊　吉田文彦「核を操った科学者　E・テラーとその時代」『朝日新聞』夕刊、一九九一年十月二十一日より連載。

恋愛七段階説の応用による学期末レポートの書き方

やや唐突だが、スタンダールによれば、恋愛の発展はつぎの七段階に分けられる。[*]

1感嘆、2どんなにいいだろう云々、3希望、4恋が生まれる、5第一の結晶作用、6疑惑が現われる、7第二の結晶作用。

私は、アイディア生産の過程も基本的にこれと同じと思う。ただ、スタンダールの段階区分は

細かすぎるので、これを勝手にまとめて、つぎの三段階にした。すなわち、

(1)取掛かり、(2)ゆさぶり、(3)結晶過程。

この三段階を、学生の学期末レポートを例にとって、具体的に述べよう。もちろん、このプロセスは、本格的な研究論文についても同じだ（経済分析の場合には、データを集めて分析するという作業がかなりのウエイトを占めることになるが、ここでは、単に考え方を述べるだけの場合を想定した。そのため、「学期末レポート」を例にとった）。

(1) 取掛かり

これは、スタンダールの第一段階から第四段階に相当する。アイディア生産という作業をとにかく出発させ、取掛かりを作る段階である。

具体的には、テーマを決め、関連するさまざまな論点を書き出し、仮の結論を設定する。

まず、テーマは決まっているか？　これが決まっていれば楽である。学期末レポートの場合には、たぶん課題は与えられているだろう。しかし、「日本の将来」とか「私の目標」というような漠然とした課題のときは、問題意識をもっと絞って、具体的なテーマを見つける必要がある。専門的な研究者の場合には、問題が何かを捉えるのが、全研究活動の中でもっとも重要な部分である。

テーマが決まれば、それについて考えついたことを、メモの形で書いていく。この際、あとの

編集のために、ワードプロセッサのファイルに入力することが必要である。

　ある程度進んだところで、もっとも主張したい点は何かを明確にし、仮の結論、または仮説を設定する。論文の要約やサマリーというものは、論文を書き終えてから書くのではなく、出発点においてすでに存在しているのである（ただし、書いている間に変化することはある）。

　この結論は、文字どおり一言でいえるものでなければならない。論文の発表で、「要するに、結論は何か」との質問に対して、延々と話す学生がいる。これは、まだ問題が具体的に捉えられていないことの証拠だ。このような場合、論文にタイトルをつけさせると、抽象的なタイトルしかでてこない。

　先に述べた理想的インキュベイターとしての知的環境は、この段階（および、つぎの「ゆさぶり」段階）で威力を発揮する。何が問題であり、何が重要なテーマであるかを知るには、こうした環境がもっとも適している。アメリカの大学には、コーヒーメーカーの置いてある「たまり場」があり、大学院の学生やスタッフが立ち寄って議論している。このようなインフォーマルな場で得るヒントは、きわめて重要だ。残念ながら、日本ではこうした環境がなかなか作り出せない。

　もっとも、学生の場合には、キャンパスのそばの喫茶店がこのような場を提供してくれるだろう。もちろん、ただ漠然と集まっても雑談に終わってしまうので、ある程度の目的意識が必要である（あまり強すぎても窮屈で、自由な発想がしにくくなるが）。

(2) ゆさぶり

これは、スタンダールの第五、六段階に相当する。さまざまの「発想法」が述べているのは、主として、この段階をどのように行なうかである。

スケッチをまとめ、メモを集めて、元の文章に追加し、全体として統一のとれた形にしていく。こうして、コンピュータの中で、メモの集まりが成長していく。つまり、「第一の結晶作用」が始まるわけだ。

この過程の作業には、ワードプロセッサの柔軟な編集機能がきわめて便利である。しかし、不便な面もある。それは、論文中の離れた箇所の比較がしにくいことだ。紙をめくるようにランダム・アクセスすることができないし、二箇所を横に並べて対照するといったこともやりにくい。また、全体としてどのような構成になっているかが、一望のもとに捉えられない。したがって、論文がある程度の長さになったら、紙に打ち出す必要がある。

また、「いくらでも書き足せる」というワードプロセッサの柔軟性が、危険な結果をもたらすこともある。思いついたことをすべて書き上げていくと、議論の本筋とは関わりないことも出てくる。これが論理の筋道を乱す。そこで、こうした部分は、どんどん切り捨てる必要がある。しかし、人間の心理として、捨てる作業は、集める作業より難しい。しばしば重要なことは、「何を書くか」ではなく、「何を書かないか」なのである。

ところで、スタンダールの発展段階説では、第六段階に「疑惑」という逆行過程が登場する。アイディア生産では、このプロセスを意識的にもちこむことが必要だ。具体的には、別の角度から考え直して論点を組み替えたり、論理の筋道を組み直す。全体の構成を考え、論述の順序を再検討する。

このためには、友人に話すのがよい。できれば読んでもらう。これを行なう場としても、喫茶店は便利だろう。あるいは、関連する本や文献を読む。

この過程を進めていくと、場合によっては、当初とまったく別の結論や論理展開になってしまうこともある。

(3) 結晶過程

スタンダールの第七段階に相当する。これは、論考を結晶させていく段階であり、具体的には、机に向かってひたすら書き進む、という形をとる。この過程は、本質的に個人作業であり、孤独な作業である。だから、この段階になったら、喫茶店はやめにして、勉強部屋か図書館にこもる（「研究」というと、研究室や書斎で行なわれるもの、というイメージがある。しかし、ここで行なわれるのは、主として結晶過程の作業であり、アイディア生産活動の一部分にすぎない）。

論旨をいま一度確認し、他人を説得できるように理由をつけて構成する。余裕があれば、この問題を取り上げた理由、他の人の意見などを述べ、最後に、このレポートでやり残したこと、限定条件などを述べる。

ある段階までくれば、文章を繰り返し読んで修正していくことにより、論文が自動的に大きな結晶に成長していく（スタンダールのいう「第二の結晶作用」）。これは基本的にワードプロセッサの編集機能を用いる作業である。

なお、以上で述べた三つの段階区別は概念上のものであり、実際には明確な境界が不分明のこともある。また、いったりきたりの繰返しもある。たとえば、結晶過程の途中で疑惑が出て、再びゆさぶり過程に戻ることは、しばしばある。

以下では、「取掛かり」と「ゆさぶり」段階について、発想支援体制の組み立て方と運用方法を、より具体的に述べることとしよう。

＊ スタンダール『恋愛論』（大岡昇平訳、平凡社、世界教養全集5、一九六一年）。

2　取掛かり

ニュートンのりんご

スタンダールは、「恋の情熱においてもっとも驚くべきは第一歩である」と述べている。アイディア生産も同じで、もっとも重要なのは、取掛かり段階、とくに、「とにかく仕事を始めること」だ。

仕事を始めることが、なぜそれほど重要なのか？

アルキメデスは風呂の中で浮力の原理を発見し、ニュートンはりんごが落ちるのを見て万有引力を発見したという。[*1] 似た話はいくらでもある。数学者ポアンカレは、乗合い馬車の踏段に足を触れた瞬間に着想がひらめいたというし、[*2] 哲学者ラッセルは、タバコを買いに出かけた帰り道で考えが火花のように浮かんだと述べている。[*3] 数学者ガウスは、「一八三五年一月二三日、朝七時、起床前に発見」というメモを残している。[*4] これらは、何を意味しているのか？ アイディアはとんでもないときに脈絡もなく現われるということか？

そうではない。風呂に入った人は誰でも身体が軽くなるのを経験するし、ニュートン以前にりんごが落ちるのを見た人間はいくらでもいた。しかし、それらの人々は、浮力や万有引力に思い至らなかった。問題は、他の人でなく、なぜアルキメデスであり、ニュートンだったか、ということである。ニュートン自身でさえ、子供の頃からりんごが落ちるのを何度も見ていただろう。だから、正確にいえば、問題は、「なぜ、その時のニュートンだったか」である。

その答えは明らかだ。つまり、彼らは、すでにその問題を考えていたのである。そして、着想の一歩手前まで来ていた。ニュートンは、りんごが落ちるのを見てから考え始めたのではなく、すでに万有引力概念のごく近くまで来ていた。その時、目の前でその力がりんごを地球に引き寄せた。だから、きっかけは、りんごでなくともよかった。階段から転げ落ちても、同じ発想に辿りついたはずである。

つまり、問題を考えていることが重要だ、ということである。とにかくも、ある仕事に取り掛かり、それに浸かっていること、仕事に関し「現役でいる」ことが重要なのである。実際、ニュートンは、「どのようにして万有引力を発見したか」との問に対し、「つねにそれを考えることによって」と答えたという。[*5]

アイディアは何もないところに突然現われたのではなく、潜在意識下で着実に思考が進んでいたのである。何かのきっかけに意識が顕在化したとき、外から見ると、たまたまアイディアが生まれたように見えるだけである。したがって、重要なのは、きっかけではなく、問題に真剣に取り組んでいたことである。

＊1　これは、ニュートン自身がステュークリーという学者に話したこととされているので、多分本当のことなのであろう（島尾永康『ニュートン』岩波新書）。
＊2　ポアンカレ『科学と方法』（吉田洋一訳、岩波文庫、一九五三年、五八頁）。
＊3　板坂元『考える技術・書く技術』講談社現代新書三二七、一九七三年、一一六頁。
＊4　同右。

＊5　ジェームス・W・ヤング『アイディアのつくり方』（今井茂雄訳、TBSブリタニカ、一九八八年、五一頁）。

始めればできる

スタンダールは、先の「第一歩」について、「大社交界はその華麗な行事によってこの第一歩を容易にし、恋に役立つ」と指摘している。アイディア生産の場合に大社交界に相当するのは、本当は、理想的インキュベイターとしての知的環境だ。

しかし、すでに述べたように、これは誰にでも得られるものではない。そこで、パソコンに代役を求めよう。パソコンは、少し別のやり方で、この段階を支援してくれる。すなわち、「パソコンは、〈あとからいくらでも修正できる〉という特性によってこの第一歩を容易にし、アイディア生産に役立つ」のである。

書く作業でもっとも難しいのは、「始めること」だ。イナーシャ（慣性）が大きいのである。構えてしまう。重要な仕事ほど、構える。「まだアイディアが熟していない」、「いまは身体の調子がよくない」、「雑事を片付けてから」等々のいいわけを自分で作って、着手できない。

ワードプロセッサがなかった時代には、構想を練り、あらかじめ全体の構成を決めてからでないと、書き始められなかった。そして、これが最大の難関だった。

しかし、ワードプロセッサの登場は、この事態を大きく変えた。切貼り編集機能を用いると、どこからでも書き始められるので、文章を書き始めるイナーシャが大幅に減ったのである。あとでいくらでも直せるから、気張らずに書くことができる。だから、一行でもよいから、ファイルに書き込んでおく。それが、「取掛かり」になる。取掛かりを作っておきさえすれば、後は、それを修正し、改良することで、徐々に成長する。こうして、仕事に関して「現役になれる」のである。この段階を突破しさえすれば、仕事はいつかは完成する。

原稿用紙を前にして、各部の長さをバランスよく調整し、必要なすべてを盛り込むという作業は、私にはいまや名人芸のように思える。ワードプロセッサを使わずに文章を書くという作業には、もはや戻れない。書斎や研究室、そして事務室で行なわれる仕事について、過去何百年も続いた作業スタイルが、ここ数年で一変してしまったのである。大げさにいえば、文明の新しいステージが到来しつつある。

この点においても、パーソナル・コンピュータを使わないのがいかに贅沢なことか、改めて痛感される。もちろん、パソコンがなくても、「始めること」はできる。しかし、ワードプロセッサの柔軟さは、紙とは比較にならない。紙で同じような編集作業をしたら、収拾がつかなくなるだろう。

とくに英文の場合には、この効果は絶大である。まちがったスペルでもよいから、とにかく書

BOX 7. シソーラス

かつて留学中にその存在を教えられて以来、シソーラスは、英語を書くときの不可欠の道具となっている。

シソーラスは、「類語辞典」とか「分類語彙集」などと訳されているが、日本人にはあまり馴染みのない存在である。文章を書いていて適切な言葉が思い浮かばないとき、これを用いる。たとえば、「著しく」という意味のために「very」という単語ばかり続くのを避けたいとき、シソーラスを引くと、類語が1ページ近くにわたって出てくる。しかも、英和、和英、英英辞典では分からない微妙な意味の違いが正確に分類されているので、これまでまちがった用語法をしていたのを発見することもある。英語でもっともポピュラーなシソーラスである『ロジェ』のペーパーバック版は、空港の売店で売っているほど普及している。

英文ワープロがシソーラスを搭載するのは時間の問題と思っていたが、しばらく前に実現した。書籍版に比べるとやや見劣りがするが、通常の利用には十分役立つ。まさに、AI（人工知能）ワープロの始まりといえよう。

ところが、この面で日本語ワープロは深刻な障害に直面している。なぜなら、日本語には本格的なシソーラスがないからだ。分類語彙集や類語辞典は多数ある。日本語シソーラスと称しているものさえある。しかしいずれも、もの書きが文章を書く場合のシソーラスとしては使いものにならない。この状態では、日本語ワープロが今後本格的なAIワープロに進化することはおぼつかないだろう。

これは国語学者の怠慢の結果ではないかと、私はつねづね不満に思っている。それとも、日本語には、シソーラスが作成できない言語上の制約があるのだろうか。一度、国語学者の方の意見を伺ってみたいと思っている。■

く。そして、ワープロに組み込まれているスペルチェッカーで修正する。こうすれば、辞書を引く作業で中断されないから、どんどん文章が書ける。適当な言葉が思いつかなければ、これもワープロに組み込まれているシソーラスで調べる(BOX7参照)。こうして、メモから何の苦もなく文章ができ上がっていく(このように、英文ワープロは、「書く」という作業を助けてくれる。日本語ワープロは、この機能が非常に弱い)。

パソコンがアイディア製造機だというのは、以上のような意味である。がっかりしてはいけない。「パソコンの力で最初のバリアを突破する」というのは、重要なノウハウなのだ。誰にでも利用できるものとして、これほど強力なアイディア製造機はない。

(なお、「取掛かり」の重要性は、事務的な仕事についてもいえる。書くのが面倒な手紙などは、とりあえず一行だけでも書いておけば、心理的バリアが低くなり、なんとか遂行できる。)

3 ゆさぶり

自分自身との対話

アイディアの発想について、ポアンカレのつぎの言葉がしばしば引用される。

まず第一に注意をひくことは、突然天啓がくだった如くに考えがひらけて来ることであって、これは、これにさきだって長いあいだ無意識に活動していたことを歴々と示すものである。この無意識活動が数学上の発見に貢献すること大であることは、争う余地がない。

この無意識的活動は意識的活動が一方に於いてこれに先だち、また他方に於いて後に続く場合にのみ可能なのであって、さもなければ決して効果があがらない。[*1]

つまり、「意識的活動」によって問題を頭の中にインプットしておくと、「無意識的活動」によってそれが処理され、何かの機会に解答として外に出てくる、というのである。

立花隆氏は、インプット（情報の収集など）とアウトプット（書くこと）の間は、頭の中で無意識のうちにすすめられる操作であり、ブラックボックスだという。[*2]その間は、「頭の中の醱酵を待つ」のだという。これは、ポアンカレのいっていることとほぼ同じであろう。同じことを外山滋比古氏は、「寝させる」と表現している。[*3]シャーロック・ホームズも、しばしば事件の最中に捜査を中止して音楽会に出かけ、ワトソンを当惑させている。

これらは、いずれも、自分自身との無意識の対話による「ゆさぶり」である。つまり、問題なり情報なりをインプットしたあとは、「ニュートンのりんご」が出てくるのを、じっと待とうというわけだ。私は、こうした意見に賛成である。

しかし、このプロセスを意識的に行なうこともできる。どうするか？

私は、歩く。「頭にぎゅうぎゅうに詰め込んで、揺さぶると、何かが出てくる」というイメー

ハイデルベルクの「哲学者の道」から
ネッカー川の対岸を見たところ

ジを持っている。「ゆさぶり」といったのは、このためでもある。歩いているときこそ、創造的活動を行なっているときだ。机に向かっているときは、それを整理しているにすぎない。もちろん、歩く前に問題を詰め込んでおくことが重要だ。カラでは、いくらゆさぶっても何も出てこない。

　このようなことをやっている人は、昔から多かったのだろう。大学町にある「哲学者の道」がそれを語っている（もっとも、ヘーゲルが歩いたというハイデルベルクの「哲学者の道」は、相当きつい道であった）。

　大島清氏によると、身体を動かせば脳の働きが活発になるというのは、脳生理学の定説だそうである。歩くことは脳へ絶え間ない刺激を送ることになるので、頭が生き生き働くのだ。これに最初に注目したのは古代ギリシアの医学の父ヒポクラテスで、彼は「歩くと頭が軽くなる」と強調したという。[*4]

BOX 8．ゲーテの立ち机

フランクフルトのゲーテハウス（ゲーテ生誕の家）には、ゲーテが子供の頃に使った立ち机がある。座らないほうが知能の発達によいという、ゲーテの父親の考えによるものだそうだ。トルストイも指揮者の譜面台のような机を使って、立ったまま原稿を書いたそうである。これらのエピソードは、足に刺激を与えると精神的な活動が活発化することを意味しているようだ。すると、立ち机は、世の教育ママには有益な情報かもしれない。ただし、効果について責任はもてないが。■

こうした立場からすると、ロダンの「考える人」のポーズはまちがっているように思う。私には、「考える人」は「考えあぐねた人」、または、「疲れた人」にしか見えない。少なくとも、新しいアイディアに興奮している姿ではないと思うのだが、どうであろう。

＊1　『科学と方法』第三章。
＊2　『「知」のソフトウエア』一四六―一五〇頁。
＊3　外山滋比古『思考の整理学』ちくま文庫四一〇、一九八六年。
＊4　大島清『頭を働かせる技術』ごま書房、一九九一年、三六、一七一頁。

読んでもらう

ゆさぶりを意識的に行なうもう一つの方法は、草稿を誰かに読んでもらうことだ。別の視点から見ると、抜けている部分や飛躍している箇所が分かり、当然と思っていた結論がそうとも限らないことが分かる。

前に述べた理想的インキュベイターは、ここでも重要だ。

この点で、タイプライターが使えない日本の学者は、これまで大変なハンディを負っていた。欧米では、タイプのカーボン・コピーで複製ができた。日本では、長い間、謄写版しかなかった（私が役所に入った一九六四年には、新入生の仕事は、会議用資料を謄写版で印刷することだった）。日本で人文・社会科学がなかなか客観的な学問になれなかった一つの理由は、ここにあったのだろう。

しかし、パソコンは、この問題を克服した。ディスカッション・ペーパー（正式な印刷になる前の討論用のペーパー）などの段階にならなくとも、ワープロ原稿なら、とにかく読んでもらえる。パソコンがアイディア製造機として重要なのは、このためでもある。

私は、研究は個人的作業だと思っているが、これは、結晶段階のことである。「取掛かり」と「ゆさぶり」については、ワークショップやセミナーなど、ありとあらゆる機会を利用することが必要だ。

本との対話

読んでもらうのも、双務的だから、誰にも望めることではない。これを代替するのが、書籍や論文などの文献である。本とのディスカッションは、理想的なインキュベイターの代替物となる。「ゆさぶり」のための読書は、考えがある程度まとまってからである。場合によっては、読書によってもとの考えがまったく覆されることもあり得る。

「学んで思わざれば則ち罔し。思うて学ばざれば則ち殆し」という論語の教え（為政第二）は、いまでも、すこしも変わることなく正しい。このことは、永遠に変わらない真理であろう。「思ったあとの読書」が、ゆさぶりのための読書である。論語の時代と違う点は、読む価値のない本が大量に出版されていることだ。このため、どの本を選ぶかが重要である。

ビジネスマンの多くが欲しいのは、発想の「ヒント」だろう。この目的で読書するのは、「取掛かり」段階のものだ。しかし、読書は、この目的のためにはあまり有効でないと思う。何を読んだら良いかが、事前には分からないからだ。

ゆさぶり目的の読書は、学ぶ姿勢で読むのでなく、自分の考えをチェックするために読む。

本を読みながら、思いついたことをメモする。また、本を読んだあとには、頭の中にいろいろな考えがでてくるので、つねにメモできる態勢を整えておく。このような目的のためのメモ法としては、録音メモが最適と思う。これについては、この章の4で述べる。

カード派対無意識派

川喜田二郎氏が提唱するKJ法は、ゆさぶり段階をカードを使って行なうものだ。[*1] まず、情報やアイディアをカードに書く。これを広い場所にカルタとりのように広げる。似た内容のカードをまとめて小グループにし、見出しをつける。小グループをまとめて中グループを作る。さらに中グループをまとめて大グループを作る。こうしたカードの並べ変えによって、新しい発想が出てくるというものだ。

これについては、さまざまな意見や、異なる評価がある。

まず、カードを用いる作業のほとんどが、いまやコンピュータでより効率的に行なえるようになったことは、明らかである。順序を組み替えるという作業は、完全にコンピュータの領域だ(梅棹忠夫氏が『知的生産の技術』で提唱した「こざね法」についても同様で、コンピュータが同じ作業を遥かに効率的に行なえる)。

もちろん、コンピュータのファイルは一覧性がないので、全体を一望のもとにおくことはできない。しかし、これは紙に印刷することで解決できる。また、アウトライン・プロセッサというソフトは、こうした目的のために便利だ。紙のカードでできてコンピュータでできないという作業は、ほとんど思いつかない。

ただ、以上は技術的な問題であって、ある意味では当然のことであろう。本質的な問題は、電子的なカードも含めて、そもそもカードの並べ変えで発想できるのか、ということである。竹内均氏は積極的な評価をしている。[*2] マージャンだという板坂元氏の解釈は面白い。[*3] これに対して立花隆氏の評価は、かなり厳しい。

KJ法の原理は非常に重要なことだということはわかっていた。しかし、それは、……昔から多くの人が頭の中では実践してきたことなのである。……KJ法のユニークなところは、これまでは個々人の頭の中で進められていた意識内のプロセスを意識の外に出して、一種の物理的操作に変えてしまったことにある。

これが利点となるのは、頭が鈍い人が集団で考えるときだけである。……意識の中で行われる無形の作業を物理的作業に置きかえると、能率がガタ落ちする。[*4] つまり、カードの並べ変えに相当する作業は、頭の中でやるほうが効率的だというわけである。

これを、「カード派」に対して、「無意識派」ということができよう。この節の最初に述べたポアンカレなどが、まさにこの立場である。実際、ポアンカレは、つぎのように述べている。[*5]

或る固定した法則にしたがってでき得るかぎり多くの組合わせをつくるとかいう問題ではない。かくの如くにして得られる組合わせはいたずらに数多く、ただ無益にして煩雑なばかりであろう。発見者の真の仕事は、たくみに選択を行って、無益な組合わせを除外すること、或いはむしろ、かかる組合わせをつくるが如き労を費やさないことにある（傍点は野口）。そして、この選択を指導すべき規則は極めて微妙であって、正確な言葉をもって表わすことはほとんど出来ない。(中略)一言にしていえば、潜在的自我は意識的自我より優れているのではないであろうか。

つまり、可能な組み合せを意識的に作っても、駄目だというのである。では、多数の組み合せから適切なものがどのようにして選ばれるのか? それは、「数学者の審美的感受性」によると、ポアンカレはいう。

潜在的自我が盲目的につくった極めて多数の組合わせのうち、ほとんどすべては興味もなくまた実益もない。また正にそのために審美的感受性にも作用を及ぼさず、したがって決して意識の知るところとならないであろう。組合わせのうちのただいくつかが調和的であって、したがってまた有用でもあり美しくもあり、さきに述べた数学者の特殊な感受性を動かし得る力をもっているのである。この感受性がひとたび刺激されるや、吾々の注意はその組合わせの上にむかい、かくてその意識的となる機会が与えられるのであろう。

人々は各々自分に合った方法を使えばよい。また、どのような方法が良いかは、仕事の内容によっても異なるだろう。私の専門である経済学についていうと、同僚にも先生方にも、カードの並べ変えをやっている人はいない。だから、少なくとも経済学の場合には、KJ法を使わなくとも仕事ができることは、明らかだ。

もっとも、外見上、KJ法と類似の作業をやることはしばしばある。それは、紙片に書いたメモをまとめる場合である。一枚の紙に異なるテーマのメモが書かれている場合、はさみで切り取り、項目別に再集計する。ただし、この場合、論理の筋道はあらかじめ決まっているのであって、データの組み合せから発見しようとしているのではない。

＊1　『発想法』中公新書一三六、一九六七年。
＊2　『私の知的鍛練法』徳間書店、一九八〇年、五八頁。『人生を最高に生きる私の方法』三笠書房、一九八九年、八二頁。
＊3　『考える技術・書く技術』二〇頁。
＊4　『「知」のソフトウエア』講談社現代新書七二二、一九八四年、一五〇―一五一頁。
＊5　『科学と方法』第三章。

4　ひらめき捕獲システム

自分をメモする

アイディア製造システムは、二つの要素からなっている。メモをとることと、それをコンピュータで編集することである。後者についてはすでに述べたので、メモについて述べる。

ここでメモというのは、他人の話のメモでなく、自分の考えのメモである。つまり、アイディアを逃さないための手段だ。

アイディアはどこで出るか？　仕事を続けているかぎり、どこでででも出る。散歩中、寝る前と起きたとき、風呂の中（北宋の文人政治家欧陽修は、文章を作るときに優れた考えがよく浮かぶ三つの場所として馬上、枕上（ちんじょう）、厠上（しじょう）をあげた。これがいわゆる「三上」である。私の三上は少し違うが、メモを取りにくい場所である点では似ている）。人間は、思ったよりもいろいろなことを考えているものだ。ただ、それが捉えられずに消えてしまっているだけである。作業に取り掛かっているときは、どんどんアイディアがでる。

しかし、浮かんだアイディアは、すぐ消える。「こんな重要なことは、メモしなくても覚えているだろう」と考えると、大変なまちがいだ。アイディアの逃げ足は、非常に速い。「何か重要なことを思いついた」という記憶しか残らず、内容はあとかたもなく消える（仕事を電話で邪魔されたくない大きな理由は、ここにある）。したがって、浮かんだアイディアをすばやく捉えて固定することは、アイディア製造システムのなかで、きわめて重要な意味をもつ。

メモの手段には、つぎのものがある。コンピュータの持ち歩き端末、紙、そしてテープ・レコーダー。

持ち歩き端末

メモが電子的な形態になっていれば、あとの処理はもっとも容易だ（というより、どんな形でメモをとるにせよ、できるだけ早く電子的なファイルに移さなければならない）。このためには、コンピュータの入力端末を持ち歩く必要がある。

数年前まで、パソコン利用上の最大の問題は、機械があるところでしか仕事ができなかったことだった。「鞄に入る機械があったら」というのは、多くの人の夢だったに違いない。しかし、この状況は、ノート・パソコンの小型化によって、急速に変化しつつある。

ちょうどキーボードをはずして持ち歩くようなものなので、どこでも原稿を書くことができるようになった。そして、帰宅してからデータ・コンバータでパソコンに取り入れて編集する。

私は、これまで、富士通の「オアシス・ポケット」を使ってきた。これは、五〇〇グラムで、他の書類等と一緒に持ち歩くには、ぎりぎりの重さである。これより重くても、単体

アイディア捕獲用小道具

なら持てるが、他に持物があると苦しい（この点からして、ノート・パソコンは重すぎて、携帯用にはならない）。しかも、持ち歩いても、使わないかもしれない。重さの考慮をせずに気楽に鞄に投げ込めるようになるために、もう少し軽量になって欲しいと思う。最近、シャープのWV-S250というサブ・ノートに乗りかえたが、一キロという重さは、こたえる（また、2DDのフロッピーしか使えないというのも、非常に不便だ）。

これまで、エプソン・ノート、NECキャリーワード、NEC98HAなどを用いたが、いずれも難点があった。電子手帳とパソコンをリンクする装置が開発されたときも、おおいに期待した。*しかし、結局のところ、電子手帳は入力端末としては機能しなかった。入力に手間がかかりすぎる。電子手帳は電話番号簿の出力端末と割り切るべきだろう。

携帯入力端末が活躍するのは、旅行中や会議の合間などである。とくに空港での待ち時間は、馬鹿にならない。短いエッセイや手紙なら、書けてしまう。旅行から帰って、ただちに礼状が発信できたり、エッセイができ上がっていたりするのは、誠に嬉しいものだ（最近、航空機内での電子機器の使用が制限されつつあるのは、私にとっては重大な危機である）。

もっとも、こうした使い方は、メモというより、移動書斎というべきかもしれない（とりわけ、「取掛かり」のための「最初の一行」を入力するには、きわめて有効である。研究室で机に向かっているときには、現在行なっている仕事以外には注意を向けたくないものだ。このため、他の仕事の「取掛かり」が作れない。外出時のきれはし時間は、この目的のためには最適である）。

メモの入力機として見ると、コンピュータの端末にはいくつかの問題がある。第一は、アイディアが生まれて消える早さに、キーボード入力のスピードが追いつかないことだ（この点で、ペン入力のコンピュータなどは、遅すぎて、論外である）。

第二に、体裁の点で、どこでも使うというわけにはいかない。会議中の内職でキーボードに入力していると、目立つ。電車のなかでも、みっともない。こうした場でのメモには、紙が必要である。

＊　野口悠紀雄「パソコン新時代への注文」『週刊東洋経済』一九八九年七月十五日。

紙のメモはノートに戻れ

紙のメモで重要なのは、紛失防止である。メモ用紙などのバラバラな紙片に書くと、「メモはしたが、どこにいったか分からなくなった」という事故が頻繁に起こる。ノートに挟んだか、書類入れに入れたか、鞄の中か……。

これは、「複数ポケット問題」だ。これに対する解答は、「ポケット一つ原則」を守ることである。

メモは、一冊のノートに集中させる。メモ用紙やカードはできるかぎり避ける。梅棹忠夫氏は、

私の失敗(8)　私は1万枚は買わなかったが

カードは、文化人類学のフィールド調査には便利なのだろうが、普通の人がメモ用に使うには、もともと不便な代物である。私は、書いただけで使わなかったカードの死体の山を累々と築き、20年近くも使わずに退蔵していた。

山根一眞氏は、『知的生産の技術』のアドバイスにしたがってＢ６カードを１万枚買い込んだが、結局使えなかったそうである。後年、そのことを梅棹氏に話したところ、「それでええんや。それで情報整理をどうしようか考えただろう、そういうきっかけにすることをねらってたんや」といわれ、「さすが一枚上手でした」と述懐している[*]。私の場合は、１万枚は買わなかったので、傷が浅くすんだというべきかもしれない。

＊　山根一眞「私の知的生産の方法」紀田順一郎、荒俣宏『コンピューターの宇宙誌』ジャストシステム、1992年、93頁。 ■

かつて「ノートからカードへ」と述べた[*1]。これは、あとでカードを入れ替えて編集するためである。しかし、編集作業をコンピュータで行なうことを前提にすると、メモそのものを編集可能な形態で書く必要はない。

現代におけるメモは、コンピュータ処理の前段階であり、アイディア捕獲の第一次手段にすぎない。したがって、編集の容易さよりも、紛失防止のほうが優先する。だから、原則を逆転させて、「カードからノートへ」とする必要がある。

メモの段階で項目別に分類する必要はないから、ルーズリーフ式のメモ帳やシステム手帳も必要ない。薄

私の失敗(9)　風呂の中でメモをとれるか？

私流「三上」のひとつは風呂なのだが、メモがとれずに逃したアイディアが山ほどある。そこで、耐水性のあるメモ用具を探していた。しかし、適当なものが見つからない。オモチャ屋で売っている「せんせい」という幼児用のボードが使えるのではないかと思って買いにいったところ、「プレゼント用の包装が必要か」と聞かれ、「自分で使う」ともいえず、大層な包装をしてもらったこともある（これは、メモ用具としては、機能しなかった）。

あるとき、ダイバーが潜水中に使うメモ用具を使えるのではないかと気がついた。これは名案と、友人に話したところ、「風呂といっても、湯の中に潜って書くわけではあるまい。水に濡れない場所はあるはずだから、普通の紙とエンピツで十分ではないか」といわれた。

まさにそのとおりで、目から鱗が落ちる思いであった。ここでも、「青い鳥」は身近にいたことになる（それ以後、紙とエンピツの風呂メモは実に能率的に機能しているので、これは「失敗のち成功の例」である）。■

いメモ帳がもっともよい。これに時間順にびっしりつめて書く。

梅棹氏は、メモの取り方について、「一ページ一項目という原則を守れ」「項目毎にまとまりをもったかきかたをするのがいい」と述べた。[*2] その後、多くの人が同様のアドバイスをしている。しかし、いまや、この原則には従わないほうがよい。

コンピュータ時代には、メモについても、「ポケット一つ原則」と「時間順原則」という超整理法の二原則が重要になる。

詳しく書く必要はないので、いくら書いてもたいした分量にはならない。だから、特別のメモ帳は作らず手帳のうしろに書けばよい、という考えも成り立つだろう。私も、原理的にはそれでよいと思う。しかし、手帳は一年ごとに切れているので、昨年分(といっても、年の初めでは、直前である)のメモを参照したいときに不便である。そこで私は、メモ帳は手帳と別にしている(ただし、電話番号などの事務的なメモは、予定とともに手帳に書いてある)。その分だけ鞄の中の死荷重が増えることになるが、たいした重さではないので、許容できる。

ただし、家の中や研究室内では、紙片にメモを書く場合がかなり多い(コピーの反故を切って、ダブルクリップで挟んだものを、さまざまな場所に置いておく)。これは、「ポケット一つ原則」には背くことになる。しかし、アイディアを逃さないことのほうが優先する。ただ、このままでは紛失するので、一枚でも、必ずダブルクリップで挟んでおく。そして、できるだけ早く電子ファイルに移す。

＊1 『知的生産の技術』三三、三七頁。
＊2 『知的生産の技術』三二、三六頁。

録音メモの強力さ

かつて、私は、テープ録音というメモ手段を軽視していた。ランダム・アクセス(任意の箇所にジャンプすること）ができないからである。講演や会議などを録音する人がいるが、ノートという、一覧性もありランダム・アクセスもできる効率的な手段が使えるのに、なぜわざわざ非効率的な手段を用いるのだろうと、不思議に思っていた。

しかし、自分自身の断片的な考えをメモする道具として使うと、テープ・レコーダーはきわめて強力である。このことは、一般に認識されていないように思う。

録音メモの利点は、何といっても、スピードである。書くより、はるかに速い。これ以上に速い手段は、恐らくないだろう。このため、思考の流れを中断しないですむ。

第二の利点は、アイディアが一番出やすい状況でメモできることだ。私の場合には、散歩中である。また、車を運転中のこともある。運転中のメモ手段としては、録音以外には考えられない。また、暗い場所でもメモできる。紙に書くと、字が重なったりして、あとで読めない。

本や雑誌を読みながらのメモには、とくに便利だ。紙に書くと読む作業を中断しなければならないが、録音なら読みながらできる。本に書かれていることをメモするだけではなく、刺激されて生まれるアイディアを逃さずにとらえる。読書のときは、筆記用具よりむしろテープ・レコーダーを傍に置くことをお薦めしたい。

私は、マイクロカセット・コーダを使っている。ウォークマンでは、重すぎる。いろいろ注文をつけたい点もあるが、現在のままでも、かなり使える。もし、音声をパタン認識して直接にコ

BOX 9．タイムマシンの使い方

H. G. ウエルズの小説『タイムマシン』に登場する時間航行機は、時間軸に沿って自由自在に動き回れる機械である。このような本格的タイムマシンではないが、時間をわずかに移動させる程度のものなら、現在では、多くの人が日常使っている。それは、ビデオテープ・レコーダーであり、留守番電話である。

現在利用可能なタイムマシンの機能は、つぎの２つに分類することができる。

第１は、留守中や忙しいときの番組を録画して、時間があるときに見るという使い方である。これによって、情報の出し手と受け手の時間差を調整できる。そこで、これを「時間差調整型」と呼ぶことにしよう。第２は、録画した番組のうち不要と思われる部分を早送りし、必要な部分だけを見るという使い方である。これを「時間圧縮型」と呼ぶことにしよう。

本書でも、２つのタイムマシンを紹介している。

第１は、第二章で述べたように、連絡を電話からファクスに切り替えることである。１日分の通信は、夜、まとめて処理する。これは、時間差調整型のタイムマシンにほかならない。これによって、昼間の貴重な時間を、自分自身の仕事に振り向けることができる。また、外国との連絡では、文字通り、時差を克服できる。

第２が、ここで述べたテープ・レコーダーの利用である。本文ではメモについて述べたが、同様の方法を、秘書や部下への指示・伝達にも使える。

とくに、秘書を使える人には、重要なノウハウとなる。手紙などの口述は、直接ではなく、録音を介して行なう。こうすれば、秘書がタイプを打つ速さに合わせる必要が↖

なくなる。つまり、時間を圧縮して送っているわけで、「時間圧縮型」のタイムマシンである。日本語の場合、漢字変換があるので、話す速さでタイプしていくことは、不可能である。相手と時間をシンクロナイズさせなくてよいというのは、多忙な人にとっては大変重要なことだ。

オードリー・ヘプバーン主演の映画『昼下りの情事』を見ると、ゲーリー・クーパー扮する財閥の社長が、録音機（その当時のものは、小型スーツケースほどの大きさである）を使って秘書への指示をしている。アメリカでは、この頃から、ビジネスにタイムマシンを使っていたのだ。■

ンピュータのテキストファイルに変換できたら、知的作業の基本を覆すほどの技術になるだろう。現在ではSFの世界の技術だが、なんとか実現できないものだろうか。

なお、以上で述べたのは、断片的な考えのメモであり、まとまった文章の口述ではない。これらは外見的には似ているが、本質的に異なる。メモはあくまでも材料にすぎず、あとで文章に組み立てることを前提にしている。文章そのものを口述すると、内容が平板で稀薄なものになりやすい。実際、講演の速記録は、あとでいくら手を入れても、満足のいく原稿にはならない。井上ひさし氏は、『自家製文章読本』（新潮社）の中で、「話言葉と、書き言葉とは、お粥と赤飯ほどもちがう。言と文の一致はあり得ない」と述べている（四七頁）。私も口述で原稿を作ることには賛成できない。

アイディアが出すぎて大変

録音メモの最大の問題は、あとの処理が面倒なことである。外から見ただけでは、何が記録してあるか分からない。入れるのは簡単だから、どんどん入る。アイディアが出すぎて、処理が追いつかないことのほうが問題である（実際、同じことを何度も繰返して録音メモしていることが多い）。だから、すぐにコンピュータに入力することが必要である。ためてしまうと、混乱する（もっとも、処理に時間がかかるのは、入力に時間がかからないことの代償であって、止むをえないものではあるが）。

アシスタントが使える人は、入力してもらう（テープ走行を足で操作できるディクタフォンという機械もあるが、そんなおおげさなものがなくてもできる）。走り書きでメモしたものは他人には読めないが、明瞭な録音なら、他人にも分かる。

問題は、日本語には同音異字が多いので、まちがった漢字に変換されることである。この問題は日本語の本質的な問題の一つである（原稿を読む講演や講義が分かりにくいのは、このためである。だから、講義では黒板を使うことが必要で、それがない場合には、一定の冗長さや繰返しが必要である）。日本で口述筆記が発達しなかった一つの原因は、ここにもあるのだろう。ただ、メモの場合には、あとで編集することを前提にしているので、この問題はあまり深刻に考えなくともよい。分からなければ、ひらがなのままにしておく。

もちろん、アシスタントを使わずに、自分で打込み作業をやってもよい。この場合には、単純なダウンロードでなく、バラバラなメモを編集しながら行なう。耳からの入力と目で見る出力が分かれているので、やりやすい。口述メモの冗長な箇所と重要な箇所の区別は、本人でなければ分からないから、自分で打込み作業をやるほうが他人に頼むより効率的な場合も多い。

録音メモのいま一つの問題は、さまにならないことだ。人前で録音するのは、携帯電話で話すのと同じくらいに、みっともない（携帯電話がステイタス・シンボルだといわれるが、私には、電話にこき使われている哀れな姿としか見えない）。電車の中や人通りの多い町中では、まず不可能な手段である。

最後につぎのことを述べておきたい。

この章の草稿を読んでくれたある友人が、「携帯ワープロや録音機を持ち歩いて、どこでもせかせか仕事をするなど、およそ知的でない。息がつまりそうだ」と評してくれた。誠にそのとおりである。私の言い訳は、つぎの三つだ。

第一に、支援システムが必要なのは、私がスーパーマンではないからだ。本当に能力がある人は、この章で述べたような小道具を使わず、すべてを頭の中で処理しているに違いない。

第二に、私とても、年がら年中こういうことをしているわけではない。支援システムを動かすのは、何かの仕事にとりかかって、夢中になっているときだけだ。

第三に、仕事は短期間に集中して、効率的にすませるほうがよい。そして、遊ぶための時間を作り出す。支援システムの最終的な目的は、ここにある。遊ぶ時間を十分に持つことこそ、究極的な「発想法」であろう。

第四章のまとめ

1 「取掛かり」段階
- 知的な人々が周りにいれば、理想的なインキュベイター（孵卵器）になる。
- もっとも難しいのは、「仕事を始める」ことだ。パソコンの柔軟な編集機能の助けで、このバリアを突破する。
- 仕事について「現役」になっていれば、いつかは完成する。

2 「ゆさぶり」段階
- 自分自身との無意識の対話が重要。
- 読んでもらったり、本と対話することも重要。

3　自分自身のメモ

・持ち歩き端末：あとの処理はもっとも簡単だが、入力スピードが遅い。

・紙のメモ：「超」整理法の原則にしたがい、カードをやめてノートに時間順にびっしり書く。

・録音メモ：考えを中断されないので、きわめて強力。

終章　高度知識社会に向けて

変貌する日本の産業構造

第二次大戦前の日本では、農業就業者が全就業者の五割以上を占めていた。一九六〇年においてすら、この比率は約三割だった。つまり、日本人の多くは、農村で昔ながらの農作業に従事していたのである。残りの就業者のなかでも、工場で単純労働に従事していた者が多かった。労働とは肉体を使うことであり、情報や知識には関係のない仕事がほとんどであった。

しかし、現在、この状況は一変している。第三次産業就業者が全体の六割を越え、製造業でも仕事の大部分は、かつての肉体労働ではない。それに代わって、企画、経営戦略立案、新製品開発、研究などの仕事の比重が高まっている。

つまり、情報や知識を扱う仕事が圧倒的に増えたのである。モノを作るのでなく、多くの人がシンボル操作に従事している。

こうした傾向は、今後ますます強まるだろう。変化する国際環境の中で、将来の日本の比較優位は、ハイテク産業や情報関連産業に見出されなければならないからだ。東アジア諸国のダイナミックな経済発展によって、製造業の広範な分野で日本企業の国際競争力は低下する。かつては日本が国際競争力を持ち世界の市場を独占していた分野で、つぎつぎに撤退を余儀なくされる。

こうした条件変化によって、日本の産業構造が激変することは、不可避であり、押し止めることはできない。

同じような変化は、アメリカやイギリスにも起こった。ここで注意すべきことは、これらの国では、製造業は衰退したものの、研究開発、教育、出版、報道、金融・証券・保険など、シンボル操作を主たる業務とする分野では、依然として水準がきわめて高いことである。製造業でも、ハイテク分野では、アメリカの巻返しが始まっている。

日本の将来は、このような新しい分野の生産性を高められるかどうかにかかっているのである。

必要とされる新しい情報処理工学

右でみた変化は、シンボル操作という新しいタイプの業務をサポートする基礎的な方法論、つまり、情報処理に関する技術や科学を要求する。

情報処理というと、工学部の情報工学科などで教えられている学問を想起する。しかし、これは、主としてコンピュータを用いる情報処理に関するものであり、しかも、コンピュータの専門家を養成するためのものである。その意味で、狭義の情報処理工学である。

このような分野も、もちろん必要だが、それだけでなく、業務の中で情報をいかに収集・保存・検索し、それを用いて創造的な仕事を行なうかという、より広義の方法論を確立する必要があろう。情報処理に関連する仕事一般に関するノウハウが必要なのだ。コンピュータそのものをどう使うかだけでなく、コンピュータの使用を前提として、全体としての情報処理システムをどのように組み立て、運営するかを明らかにする必要がある。本書が行なおうとしたのは、まさにこのことであった。

これは、梅棹忠夫氏が『知的生産の技術』で試みたことでもある。梅棹氏は主として研究者や学生を念頭においていたが、いまや、対象はより広い範囲に拡大している。将来の日本人全体に求められているのが、汗を流して肉体労働することではなく、情報を効率的に操作し、新しいアイディアを生み出すことだからである。

一変した個人レベルの情報処理能力

『知的生産の技術』が刊行されたのは、一九六九年であった。この年は、東大安田講堂への機動隊導入事件で始まり、夏にはアポロ宇宙船が月に着陸した。私は、アメリカに留学中であった。

この当時の個人レベルの情報処理能力は、いまとなっては信じられないほど低かった。私が留学前にいた役所の課では、そろばんと手動計算機を用いていた。課に一台だけ、大きな電動式リレー計算機があった。私自身は、かなり頻繁に計算尺と対数表を使っていた。

一九七二年にアメリカから帰ったとき、役所では、手動計算機に代わって電卓を用いていた。しかし、あまり普及してはおらず、小型の電卓は、課に一つ、課長の机にしかなかった。この頃、電電公社は、プッシュフォンで四則演算するサービスを提供していたほどである。『知的生産の技術』が前提としていたのは、このような世界である。その後の進歩があまりに早かったので、われわれは、その当時の状況がどうであったかを、「たった昨日のこと（only yesterday）」であったのに、忘れてしまっている。

実は、七〇年代になっても、状況はさほど大きく変わらなかった。一九七四年、私が大学に移った年に、米国ヒューレット・パッカード社製のプログラム電卓ができた。コンピュータと同じように、プログラムを組むことができる。これで方程式の数値解を求める収束計算ができるというので、感激したことを覚えている。一九七八年に、私は初めてのパソコン（米国コモドール社製）を買った。しかし、使い勝手が悪くてとても実用にはならず、その頃はやっていたインベイダーゲームで遊んだだけで終わってしまった。

このように、七〇年代の終わりまで、個人段階の情報処理能力は、基本的には数百年前とあまり変わらなかった。パソコンの進歩によって状況が大きく変わったのは、一九八〇年代に入ってからである。情報環境の大激変は、たかだか最近十年程度のことでしかないのである。

現在、われわれが個人レベルで持っている情報処理能力は、さまざまな面で六〇年代の大型コンピュータより高い。情報環境はまったく一変したのである。だから、情報処理の方法論も、当然変わらなければならない。新しい条件に対応した新しい方法論が必要になっている。本書は、このような変化を踏まえて書かれた。

分散型情報処理のインパクト

「情報化」や「脱工業化」といった方向性は、すでに一九六〇年代から指摘されていた。コンピュータも、一九六〇年代において、すでに広範な利用がなされていた。国鉄の「みどりの窓口」サービスが始まったのは、一九六五年である。アルビン・トフラーは、一万年前の農業革命を「第一の波」、産業革命を「第二の波」とし、これに対して一九五〇年代半ばからの新しい変化を「第三の波」と名づけた。[*1]

しかし、八〇年代になってからの変化には、これとは異なる重要な要素が含まれている。それは、情報処理システムの分散化である。

七〇年代までのコンピュータ・システムは、大型コンピュータ(メインフレーム)を用いる集中型処理システムであった。個人がコンピュータを使用するには、順番を待つか、あるいは端末からタイム・シェアリングで使うという方式であった。この端末は独自の処理能力を持たない機械であり、情報処理はメインフレームが中央集権的に行なうという垂直型のシステムであった。そして、将来のコンピュータ・システムは、この方向に沿って進歩すると考えられていた。

ところが一九八〇年代になってから発展した方向は、これとは本質的に異なる方向の、水平型、分散型のシステムであった。つまり、パーソナル・コンピュータやワーク・ステーションが、きわめて高度な情報処理能力を持つ機械として登場したのである。そして、多くの分野で、大型コンピュータはこれらと連結してコンピュータ・ネットワークを組むためのクライアント・サーバー（召し使い）になり下がった。このような分散型の情報システムは、一九六〇年代においては誰も予想しなかったことである。ＩＢＭが今日のような苦境に陥ることなど、想像もできなかった。

情報処理システムの分散化は、経済のあり方に大きな影響を与え、あるいは与えようとしている。

第一は、社会主義経済が消滅したことである。一般には、これは、政治イデオロギーの問題であって、情報処理技術とは別のことと考えられている。しかし、この間には密接な関係がある。分散システムが普及するには、自由主義経済体制が不可欠である。[*2] 中央がすべてを集権的にコントロールする社会主義経済では、個々の経済主体が高度な情報処理能力を持つことは、必要でもないし、望ましくもない。だから、分散型情報処理は発達しない。経済体制そのものが、新しい情報処理技術の導入を拒んだのである。このため、分散型技術が発達すると、社会主義経済の生産性の立遅れが明白になった。そして、新しい技術を導入するには、経済体制そのものを変えなければならなくなったのである。

第二は、企業組織に与える影響である。情報処理の分散化は、組織のあり方を根本から変える。まず、これまで大組織でなければできなかったことが小組織でもできる(あるいは、より効率的にできる)ようになる。大組織の場合も、意思決定権限は大幅に末端に委譲される。また、従来は情報システム部門のスペシャリストが行なっていたシステム開発や情報処理が、現場の非専門家(エンドユーザー)によって行なわれるようになる。さらに、大組織を小さなユニットに分割する傾向が強まる。また、パソコン通信の発達により、サテライト・オフィス、ホーム・オフィス、テレコミューティングなどと呼ばれる形態が普及し、地域的にも分散化が促進される。このような変化に成功した組織が生き残り、発展するだろう(本来は、行政機構も分権化しなければならない)。

これまで何度か述べたように、本書が提唱する方法論(超整理法)は、主として個人向けのものである。だから、業務への応用範囲は、せいぜい個人企業に限られ、大組織ではもっと専門的な方法が必要だ、というのが従来の考えによる評価であろう。しかし、組織のあり方そのものが、個人個人の独立した仕事を中心としたものに変わってくるのである。だから、本書の方法論が適用できる範囲は、今後広がるはずだ。

＊1　アルビン・トフラー『第三の波』(徳岡孝夫監訳、中公文庫、一九八二年)。
＊2　これは、ハイエクが指摘した点である。F. Hayek, "The Use of Knowledge in Society," *Amer-*

ican Economic Review, Vol. 35, 1945. pp. 519-30

知識資本に対する投資

分散システムを活用するには、社会一般の教育水準が高く、多くの人が高度な情報処理装置を使いこなせる能力を持っていなければならない。世界でもっともよくこの条件を満たしているのは、多分日本である。だから、日本は、将来の世界をリードできる潜在能力を持っている。

しかし、現状のままでよいわけではない。まず、知識に対する投資が必要だ。ここで必要なのは、大学や研究機関の建物・設備など、物的な対象への投資だけではない。より重要なのは、知識そのものへの投資、つまり、ソフト面の投資である。これを「知識資本」に対する投資として考えることができる。

ところが、知識資本は、金融、税制面で、通常の物的資本に比べて不利な扱いを受けている。たとえば、機械や工場などの場合には、それを担保として金融機関から借入れをし、資金調達を行なうことができるのに対し、知識資本を担保にして借入れることは、きわめて困難である。だから、金融システムは、知識資本への資金配分に関して不十分な働きしかできない（本来、こうした分野への資金の供給は、株式市場を通じてなされるべきだが、日本の株式市場は、この機能が弱い）。税制上の扱いでも、通常の資本に比べると不利である。

もちろん、これには、理由がある。第一に、知識に対する投資の収益率は、不確実性がきわめて大きい。一定の金額を投資したからといって、必ず一定の収益が期待できるわけではない。無駄になってしまうものがかなりある。また、仮に成果が得られても、市場で取引きすることができないために、価値を客観的に評価できない場合が多い。このような障害は本質的なものであるから、民間の金融システムが扱える範囲には限度がある。税制上の取扱いも同様である。したがって、知識資本に関して政府の果たすべき役割は、通常の資本の場合よりも大きいといえよう。*

ところが、日本の場合、現実には、この分野への政府支出の比重は下がっている。一九八〇年代の財政再建の過程で、関連経費が大幅に圧縮されたからである。図に示すように、一般会計予算における「文教および科学振興費」の対GDP比率は、一九八〇年頃は二パーセント近くあったものが、最近では一・一パーセント程度まで低下している。国内総投資に対する比率で見ても、七〇年代の終わり頃には六パーセント程度であったものが、最近では三パーセント台にまで落ち込んでいる。

日本経済の将来の比較優位が高度知識産業に見出されねばならぬのなら、本来は、この比率を上昇させていくことが必要であろう。

その際、自然科学や工学などの分野だけでなく、より広く、文化のインフラストラクチャーへの投資が必要である。これは、しばしば見逃されがちな点である。

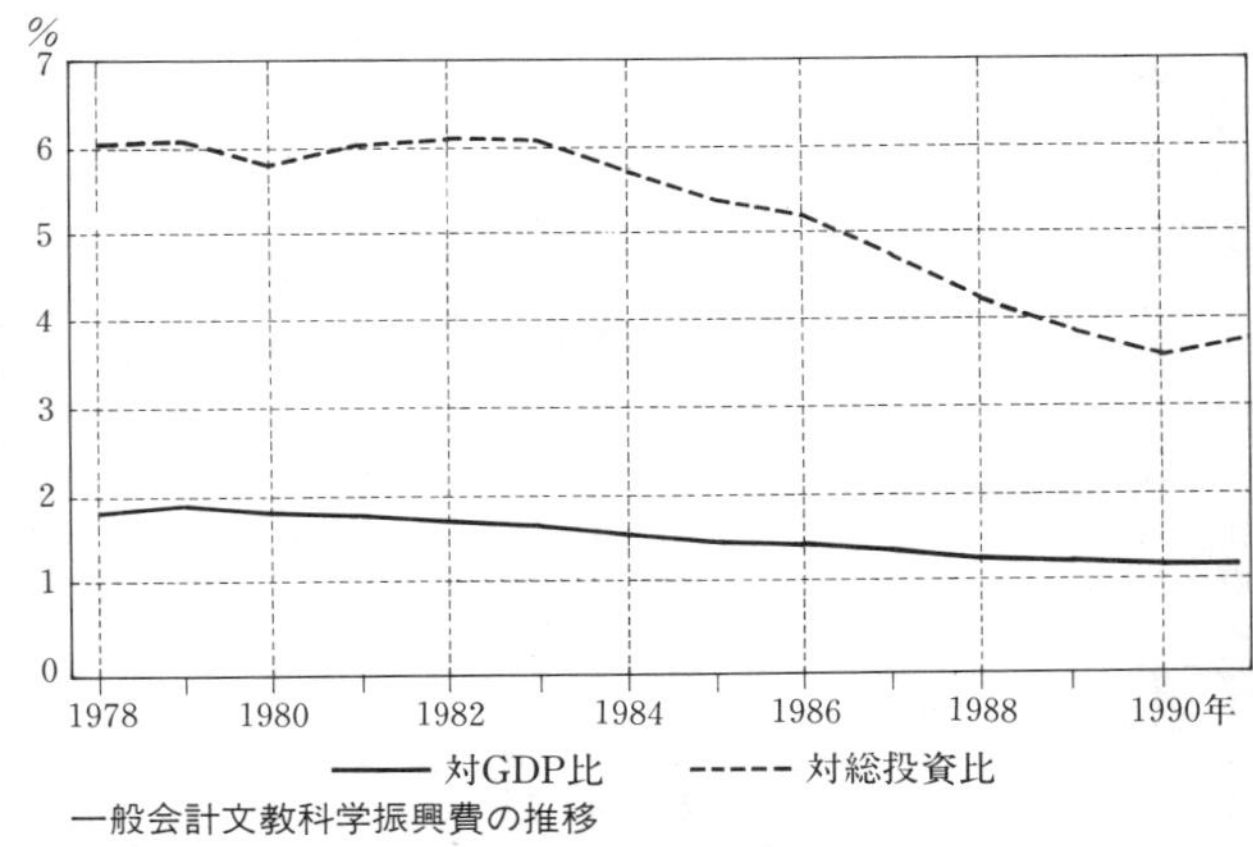

一般会計文教科学振興費の推移

実際、コンピュータはいまや数値だけを扱う機械ではなく、言葉や概念を処理する機械になっている。だから、言語学、文法、論理学等の研究は不可欠である。ところが、この点で日本語の基本的なインフラストラクチャーはきわめて弱い。この点は、本書でこれまで何度か言及してきた。たとえば、日本語に本格的なシソーラスがないことは、その一例である。本格的なAIワープロの開発やデータベース検索の利用には、これが本質的な障害になるだろう。

＊　政府が知識資本への投資に関与する方法としては、さまざまなものがある。たとえば特許も、一つの方法である。しかし、特許が適用できない知識もある。とくに基礎的な知識はそうである。

新しい時代への教育改革

高度な知識への投資だけでなく、初中等レベルの学校教育の改革も、重要な課題だ。

一九九三年度から、パソコン教育が中学校の学習指導要領に盛り込まれた。これは前進と評価できる。しかし、パソコン時代の教育改革とは、パソコンの使用法を教えることだけではない。教育内容や方法の全般にわたる見直しと改革が要求される。

たとえば、漢字の教育がある。従来、漢字は、東洋文化圏に課された大きな桎梏(しっこく)と考えられてきた。漢字の学習のために貴重な勉学時間をさかねばならぬだけでなく、思考パターンが固定化するなどの弊害もあるといわれた。また、漢字ではタイプライターの利用が困難だから、日本語の表記をかな文字化しようという論者さえいた。

しかし、漢字かな混じりの文章は、キーワードが漢字になっているためすぐ分かるという点で、きわめて優れた側面をもっている。このため、欧米人が苦労して練習している即読法を、われわれは誰でも実行できる。ワードプロセッサの普及によって、後者のメリットが前者のデメリットを凌駕するようになった。二十一世紀においては、日本語や韓国語こそ、もっとも効率的な表記体系とみなされるだろう。

ただし、このメリットを十分に活かすためには、漢字の教育方法を抜本的に変えなければならない。誰もがワードプロセッサを使うことを前提とすれば、漢字を読むことと書くことを同等に教えるのでなく、前者に比重を移すべきだろう。一点一画まで正確に書けなくとも、何とか識別できる程度に書ければよい、という考えもありえよう。そうすれば、漢字数を無理に制限する必要もなくなる。

さらに、もっとも重要なのは、知識を教え、記憶させる必要がますます減っていることである。第二章で述べたように、いまやデータベースにアクセスすることで、さまざまな知識が容易に手に入る時代になった。この方向での技術は、今後、想像を絶するほどに進むだろう。誰もが労せずして博覧強記になる。だから、歴史の年代や元素の周期律表などを苦労して覚える必要は、ほとんどない。昔から知識偏重教育が批判されているが、その批判の妥当性はさらに増した。

誤解のないように付記するが、私は、「コンピュータにできることは教えなくてよい」といっているのではない。たとえば、筆算による計算の練習は、コンピュータ時代においても、絶対に必要だと思う。それは、実用的な意味よりも、抽象的思考の訓練として不可欠だと思うからである。また、「暗記教育が不必要」といっているわけでもない。第四章で述べたように、カラの頭からは、いかなるアウトプットも生まれないからである。むしろ、学校教育の年代にできる限りの詰込み教育をすべきだと、私は思う。ただ、詰め込むべき内容が不適切ではないかというのが、私の主張である。たとえば、歴史の年代を覚えるよりは、古典を原語で丸暗記するほうが、ずっと有益なのではなかろうか。

さらにいえば、私は、いわゆる「ゆとり教育」を主張しているのでもない。前章の最後で、私は、遊びこそ発想の究極の源泉だと述べた。しかし、遊びのための時間は、学校教育の授業時間を減らすことで生み出せるものではない。授業時間が減っても、塾通いの時間が増えたり、漫然とテレビを見る時間が増えるのでは、かえって逆効果だ。それに、遊びの時間はもともと与えられるものではない。窮屈なスケジュールの中から作り出してこそ、価値が実感できる。そして、そのためには、逆説的に聞えるかもしれないが、学校教育のスケジュールはタイトなほうがよいと思う。

しかし、実際には、教育内容は、簡単には変わらない。しかも、その理由に、特定科目の教師の失業防止、あるいは試験の採点の便宜という側面があることも否定できないと思われる。情報処理技術の発展を前提とした教育の改革は、もっと真剣に考えるべき課題であろう。画一的な受け身の知識習得型から個性的で創造的な情報処理型へと、能力開発の方向を転換させる必要がある。このような能力を持った人材こそが、これからの日本を支えるために不可欠なのである。

あとがき

私が「整理法」について本を書きたいといい出したとき、私のまわりのすべての人は、驚き、かつ呆れ、あるいは、私の正気を疑った。それは、当然のことで、私の研究室は、「乱雑」「混沌」「無秩序」という言葉の実例そのものだったからである。

本書を担当して下さった中公新書の佐々木久夫氏は、私からの電話を受けたとき、「聞き違えたのではないか」と思い、「本と資料の山で足の踏み込みようもない私の研究室を思い出して」、聞き違いを確信されたという。

私は、整理の劣等生だった。いくらやっても、うまくいかない。私の研究室を訪れた人が、一人ならず、「これぞ研究者の部屋！」と驚いたのを（呆れたのを）、褒め言葉と勝手に解釈して、開き直っていた。

ただ、私は、ひねくれた劣等生だった。うまくいかないのは、生徒が悪いからでなく、先生の教えがまちがっているからではないか？

第一の疑問。私の場合に整理がうまくいかない原因は、(1)私がまめでない、(2)仕事の内容が整理向きでない、(3)増え続ける資料や書類が多すぎる、のいずれか（あるいはすべて）であろうが、しかし、だからといって整理ができなくなってしまうのでは、そもそも、整理法の名に値しないのではないか？　大量の、しかも整理しにくい資料を扱っている、ずぼら人間でもできるような方法で、初めて整理法として意味があるのではないか？　整理する暇などない人を助けてこそ、ノウハウとして価値があるのではないか？

第二の疑問。従来の整理法の本には、肝心のことが書いてない。「整理は分類だ。きちんと分類せよ」という。では、一体、どのように分類すればよいのか？　うまく分類できないから、悩んでいるのだ。あるいは、「整理のためには、不要なものを捨てよ」という。そのとおりだ。では、不要なものをどうやって識別するのか？　ここで、整理法は、「ときどき書類の総点検をせよ」と逃げてしまう。しかし、そんな暇はないからこそ、ノウハウを求めているのだ。

そこで、改めて整理や分類という問題を考えてみると、疑問は大きく膨らんでいった。従来の整理法は、基本的な考えがまちがっているのではないか？「整理は分類なり。分類して整理せよ」という大前提、実は、これこそがすべての誤りと苦難の出発点ではないのか？

このようにして考えを進めていくと、無意識のうちに行なっていた方法、つまり、「時間順に並べていく」という方法に、本質的な意味があるのではないかという結論に辿りついた。これが、本書の基本をなす考えであり、私が「アリアドネの糸」と名づけたものである。

この考えをある集まりで話したところ、興味を持つ方が多く、本にすべきだ、という示唆をいただいた。本書を書くきっかけになったのは、この会合である。第四章の言葉を用いると、これが本書のインキュベイター（孵卵器）になった。

しかし、専門外の本を書くことに対しては、ためらいがあった。「学者や研究者は、専門外のことには手を出さないものだ」という固定観念が、学界や大学内だけでなく、社会一般にも牢乎としてあるからだ。専門外に踏み出すと、専門分野の仕事をなおざりにしているように評価されかねない。

また、仕事の「舞台裏」の実態を曝け出すことにも、抵抗があった。レストランでは、調理場を見せないからこそ、客が料理を食べられる。お寺のご本尊も、秘仏のほうが有難みが増すような気がする。日本では、「秘すれば花」（『風姿花伝』第七）という思想は、根強いのである。

しかし、これらの考えは、二つともまちがっていると思う。なぜといって、何らかの専門分野で日々情報と格闘しているものの経験ほど、他の人に役立つものはないからだ。実際、シャーロック・ホームズの手帳がどうなっているかを書かなかったのは、コナン・ドイルの最大のミスだったと、私は思っている。

前記の二つの固定観念を最初に打破したのが、梅棹忠夫氏の『知的生産の技術』であった。この本については、さまざまなことが書かれてきたが、もっとも重要な貢献は、このタブーを打ち破ったことだと思う。私も、この勇気にならうこととした。

実利を求められる読者は、まず、実践的なノウハウを論じた「第一章　紙と戦う『超』整理法」「第二章　パソコンによる『超』整理法」および「第四章　アイディア製造システム」を読まれたい。

「超」整理法は、パーソナル・コンピュータの使用に大きく依存している。しかし、もちろん、パソコンなしでも実行できる。パソコンに興味のない方は、とりあえず第一章で提案した「押出しファイリング」を試みられたい。そして、時間軸検索法の強力さを実感していただきたい。「第三章　整理法の一般理論」は、やや抽象的な議論であるが、さまざまな条件のもとでの最適整理法を求める試みである。最後の章は、情報面からみた日本経済の将来論であり、本書の背景となる状況の変化を説明した。

本書を、草稿の段階で何人かの方々に読んでいただいた。とりわけ、大熊由紀子（朝日新聞）、今野浩（東京工業大学）、坂本春生（西友）、田近栄治（一橋大学）、薬師寺泰蔵（慶応大学）、吉田夏彦（お茶の水女子大学）、吉田浩（一橋大学大学院）の諸氏からは、きわめて有益なコメントと御示唆をいただいた。ここに記して謝意を表したい。

中公新書編集部の佐々木久夫氏、山本啓子氏には、大変お世話になった。心から御礼申し上げたい。本書が日の目をみることになったのは、佐々木氏が「隠れ超整理派」（序章参照）の一人だったことにもよる。

一九九三年九月

野口悠紀雄

参考文献

序章

「分類」という問題に関してさらに読み進みたい方には、つぎの文献がある。

1 ロドニー・ニーダム『象徴的分類』(吉田禎吾・白川琢磨訳、みすず書房、一九九三年)。
2 池田清彦『分類という思想』新潮選書、一九九二年。
3 中尾佐助『分類の発想』朝日選書四〇九、一九九〇年。
4 吉田政幸『分類学からの出発』中公新書一一四八、一九九三年。
5 渡辺慧『知るということ——認識学序説』東京大学出版会、一九八六年。

第一章

オフィスにおける業務用の正統的ファイリング(図書館方式によるファイリング)の参考書としては、

1 コクヨ、レコードマネージメント推進部『ファイリングがオフィスを変える』ダイヤモンド社、一九九二年。
2 野口靖夫『ファイリングの進め方』日経文庫四三六、一九九一年。
3 三沢仁『ファイリングの要領』実業之日本社、一九九一年。

などがある。1では、従来からのバーチカル・ファイリングに対して、ボックス・ファイリングを提唱している。

オフィスのファイリング法を個人用にも使うべきだとする著者は多い。たとえば、

4　加藤秀俊『整理学』中公新書一三、一九六三年。
5　川勝久『新・情報整理学』ダイヤモンド社、一九八五年。
5　佐野眞『自分だけのデータ・ファイル』日本エディタースクール出版部、一九九三年。
6　長崎快宏『やさしい情報整理の技術』PHP、一九九三年。

第二章

パソコンの参考書は山ほどあるが、ここでは、つぎの一冊をあげる。

・諏訪邦夫『ナースのためのパソコン入門』中外医学社、一九九二年。

この本は、実に面白い。パソコンとどのように付き合うかに関する哲学が感じられる。パソコンのユースウエアに関する本は、パソコンの専門家でなく、別の分野の専門家が書くほうがいいことを、明瞭に示している。なお、この本は書店でパソコン関連書のコーナーでなく、医学書のコーナーにおいてある。序章で述べた「誤入問題」の典型例といえよう。

第三章

「図書館方式」の参考文献は第一章であげた。以下にあげるのは「反分類型整理法」である。1は焼畑方式、2は百科事典方式、3は検索簿方式を提唱している。4は、本書のプロトタイプである。

1　ロゲルギスト『新物理の散歩道』第二集、中央公論社、一九七五年。

2　山根一眞『情報の仕事術2　整理』日本経済新聞社、一九八九年。
3　林晴比古『パソコン書斎整理学』ソフトバンク、一九九〇年。
4　野口悠紀雄「情報を整理しない方法」『情報狂時代』ジャストシステム、一九九三年。

第四章

「発想法」の本も、実に多い。つぎにあげるのは、私自身が面白いと感じ、有益な示唆を得たものである。4は、医学的な立場からのもの。1は残念ながら絶版になっているが、名著なので掲げた。

1　ポアンカレ『科学と方法』(吉田洋一訳、岩波文庫、一九五三年)。
2　ジェームス・W・ヤング『アイディアのつくり方』(今井茂雄訳、TBSブリタニカ、一九八八年)。
3　板坂元『考える技術・書く技術』講談社現代新書三二七、一九七三年。
4　大島清『頭を働かせる技術』ごま書房、一九九一年。
5　立花隆『「知」のソフトウエア』講談社現代新書七二二、一九八四年。

なお、つぎの本の巻末に、整理や発想に関する詳細な文献目録がある(ただし、一九八五年以前のもの)。

・久恒啓一、竹内元一、久保秀寧『実戦マニュアル　知的生産の技術』TBSブリタニカ、一九八五年。

保存ゴミ　45, 50, 79
保存図書館　135
ホーム・オフィス　212
本棚　29, 62, 63
本の整理　78

ま　行

Magic Number of Three?　114
Magic Number of Seven　114
魔法数の7　114
ミシュラン　138, 139, 155
水際作戦　79
みにくいあひるの子定理　21
ミノタウロス　24, 112
未来予測　96
民族学博物館　136, 142
無意識的活動　181
無意識派　186
名刺　71, 84
　神様――　71
　――検索　74
　――整理　75
　――情報　74
　――データベース　76
　――フォルダー　75
名簿　77, 104
命名　14, 18, 53, 155
メインフレーム　210
召し使い　211
メモ　77, 103, 133, 169, 185, 189, 194, 195, 198, 203
持ち歩き端末　191
元帳　78, 157

や　行

焼畑方式　80, 135, 163
山根一眞　52, 194
山根式　52, 138, 141, 142, 155, 164
ゆさぶり　172, 180, 185, 186, 202
ユースウエア　91
予定表　34, 98, 130

ら　行

ラテラル・キャビネット　66
ランガナータン　147
ランダム・アクセス（方式）　143, 145, 164, 172, 196
類語辞典　179
留守番電話　125, 198
ルーチンワーク　64
恋愛七段階説　169
錬金術　14, 166
濾過　48, 52
　――過程　40
録音メモ　185, 196, 203
『ロジェ』　179
ローマ字入力　122
『論語』　185

わ　行

ワイルドカード　97, 112, 113, 116
ワーキング・ファイル　38, 47, 50, 51, 63, 84, 150
渡辺慧　21
ワードプロセッサ　89, 120, 145, 171, 172, 178, 216

コン）　28, 86, 169, 178, 211
——・アレルギー　120
——教育　216
——恐怖症　119
——嫌い　90
——超整理法　105
——通信　99, 102, 212
パタン認識　197
バック・アップ　99, 108
醗酵　79, 181
発想　185
——支援体制　166
——のヒント　185
——法　166, 202
林晴比古　54, 138
パレートの法則　46
パワーサーチ　117
反電話法　124
反分類型整理法　132
秘書　64, 77, 87, 125, 159, 198
ヒポクラテス　182
百科事典　138, 155, 164
品質管理　46
ファイリング　9
——・キャビネット　62, 65, 137
——システム　8, 31
——用具　58, 132
——用品　62
ファイル　29, 36, 54, 105
——の破壊　108, 116
——・ボックス　59
——名　115
ファクス　34, 99, 126, 198
——・アダプタ　99
——の市民権　101
——配送サービス　99
封筒　56, 132
色付きの——　62
角型２号——　29, 56
使用済み——　60
——の品定め　60
窓付きの——　128
フェイルセイフ　153, 156, 157
フォルダー　59
不活性ファイル　52
複数属性　10
複数ポケット問題　193
不動口座　71
不要書類　45, 63
ブラインド・タッチ　119
ブラウジング　80
ブルームズベリー・グループ　168
プログラム電卓　209
風呂敷　59
フロー情報　149
文化人類学　194
分散システム　161, 211
分店時の在庫引継ぎ問題　13, 26, 75, 146
分類　5, 8, 20, 36, 43, 107, 147
——学　20
——項目　18, 22, 37, 41, 43, 52, 53, 162
——軸　11
——しない（こと）　38, 51, 140, 151
——するな配列せよ　141
——するな、ひたすら並べよ　71, 107
——せずに検索　25
——の悪夢　24, 43
——の陥穽　9
——の恣意性　20
——はムダ　18
ペーパーレス・システム　28, 127
編集機械　92
ポアンカレ　175, 180, 187
ポケット一つ原則　32, 34, 68, 71, 83, 99, 110, 193, 195

タイムスタンプ　107
タイムマシン　198
竹内均　187
立花隆　19, 181, 187
タテヨコ分類　11
多配列的な類似　20
ダブルブッキング　34
単位ファイル　54
知識　206, 213
——資本　213
——のストック　90
『知的生産の技術』　9, 35, 66, 79, 97, 117, 142, 146, 161, 186, 194, 196, 208
超整理革命　25
超整理派　25
超整理法　23, 89, 112, 142, 156, 164, 195, 203, 212
——発生史　132
陳腐化　72, 74
ツリー構造　105, 132
ディクタホン　200
ディレクトリ　105, 109
手紙　100, 128, 180
——のひな型　111, 128
テキストファイル　97, 104, 128 199
データベース　95, 102, 150, 215 217
——検索　130, 215
手帳　77, 78, 196
哲学者の道　182
『哲学探究』　20
デパート方式　6, 162
テープ・レコーダー　190, 197, 198
テープ録音　196
テレコミューティング　212
電子手帳　73, 98, 104, 192
電子（業務）日誌　94, 130
電子媒体　88, 98, 107, 157
電子（的）ファイル　87, 95, 103, 191, 196
電子ファクス　95, 99, 123, 130
電子メディア　93, 98, 130
電子メール　100, 104, 127
電話　99, 198
——帳　100
——の暴力　99, 123
——番号簿　77, 104, 192
——元帳　77
同音異字　200
統計学　19, 44
到着(時間)順　83, 136, 143, 164
ドキュメント・ファイル　58
図書館　70, 136, 154, 156, 160
開架式——　6, 144, 147, 149
——方式　6, 41, 43, 49, 51, 70, 105, 112, 133, 142, 154, 164
焼畑方式の——　134
図書分類　147
ドッペルゲンガー・シンドローム　109
トフラー　210
外山滋比古　12, 181
取掛かり　170, 178, 192, 202

な　行

内容分類　140, 142
——方式　133
並べ換え　148
2－8の法則　46
日本語　199, 200, 215
ニュートン　90, 174, 181
ノート　193, 197, 203
——・パソコン　191

は　行

廃棄書類　160
廃棄の判断　48
配列　140, 141, 147, 149
パーソナル・コンピュータ（パソ

ス　143, 145, 152
ダイナミック・――　144
時刻表　140
時差　126
シソーラス　118, 179, 180, 215
写真の整理　82
シャーロック・ホームズ　181
住所録　100, 104, 128
集中システム　161, 210
熟成システム　79
終末兵器問題　16
順次ファイル方式
区分けされた――　134, 146
醸成　48
――空間　78
――時間　63
情報　6, 206
――環境　102, 209
――管理　86, 151
――関連産業　206
――洪水　28
――誌　139
――システム　24, 28
――処理工学　207
――処理システム　210
――処理能力　208, 211
――整理　28
――整理法　6, 164
――操作　28
――の半減期　45
――の分類　9, 17, 26, 141
書類管理　44
書類検索　47
書類整理週間　47
書類の総点検　47
人事情報　102
人事データベース　93
迅速性　152
新聞記事　101, 134
新聞切抜き　5, 19, 33, 55, 60, 161
シンボル操作　206
心理的バリア　43, 59, 180
すぐやる問題　68
スクラップ・ブック　102
スケジュール管理　93
スケジュール表　78, 98
スタンダール　169, 177
捨てる　45
ストック化　150
ストック（としての）情報　136, 149
スペルチェッカー　180
整頓　7, 31
整理　4, 31, 107
写真の――　82
――と整頓　7
――のための整理法　19
――は分類なり　5
――マニア　21
整理革命　25
整理法　3, 151
情報の――　6
――の専門家　31
――の分類学　142
――の本　7, 14, 18, 20, 45, 56, 73, 74, 76, 82, 132, 133
モノの――　6
設計思想　105
セブン・シスターズ　114
センチメンタル・バリア　81, 135
属性　147
即読法　216
組織名　148
ソーティング　148
その他問題　12, 15, 26, 53, 149
存在定理　17, 32

た　行

タイプライター　121, 184, 216
タイム・シェアリング　210

場所に関する——　34
企画　161, 166, 206
規格化　56
キーボード　120
——恐怖症　120
君の名はシンドローム　14, 15, 26, 53, 106, 149, 155
キャビネット　4, 47, 82, 132, 138
境界領域　11
業務日誌　78, 95
共用ファイル　158, 160
勤務先別分類　75
クライアント・サーバー　211
グレイゾーン　11
ＫＪ法　186
形式分類　148
結晶作用　169, 172
ゲーテの立ち机　183
現役　176, 178, 202
検索　5, 21, 23, 36, 45, 52, 72, 96, 107, 137, 147
——キー　133
——機械　92
——スピード　87, 164
——の能率　46
——用情報　136
検索簿　136, 137, 143, 153, 156, 164
——方式　71, 134, 136, 137, 142, 155, 156, 164
口述　198, 199
——筆記　200
——メモ　201
高速検索　87, 117, 130
高度知識社会　205
こうもり問題　10, 15, 18, 22, 26, 53, 75, 115, 146, 149, 156
五十音順　52, 70, 72, 75, 87, 139, 141, 142, 155, 164
個人業務日誌　95
個人データベース　95
個人の情報整理　21
個人用　64, 71, 159
——情報（検索）システム　7, 93, 148, 160, 164
コード　104, 115
誤入　154, 163
——問題　12, 15, 26
ごみ箱　63
固有名詞　115
——原則　116
コロン分類法　147
今野浩　10, 30
コンピュータ　86
——・システム　210
——・ファイル　148

さ　行

在庫管理　79
在庫引継ぎ　13, 15, 22
——問題　18
索引　96, 134, 140, 147
雑誌　79
サテライト・オフィス　212
サブ・ノート　192
産業構造　206
三上　190, 195
サンプルセレクション・バイアス　44
時間圧縮型　198
時間差調整型　198
時間軸　24, 53, 78, 111, 133
——検索　25, 35, 83, 142, 156, 164
時間順　36, 55, 66, 70, 71, 78, 83, 107, 130, 148, 164
——原則　195
——方式　72, 77, 108, 112, 132, 133
色別　61, 71, 113
シークエンシャル（順次）・アクセ

索　　引

あ　行

アイディア　166, 200
――製造システム　166, 180
アウトライン・プロセッサ　186
青い鳥　58, 195
アクセスタイム　38, 83, 152
後入れ先出し方式　79
アリアドネの糸　23, 37
アルキメデス　175
歩く　182
アルファベット順　140
安全な保管法　67
家出　49, 82, 84, 154, 163
――ファイル　46, 144
家なき子　43, 49, 84
――書類　137
――ファイル　46, 51, 59, 68, 153
池田清彦　20
板坂元　19, 187
一覧性　71, 93, 98, 186, 197
一斉同報　127
一本指入力　119
移動書斎　192
糸川英夫　80
イナーシャ（慣性）　177
井上ひさし　199
Ｅメール　100
色分け　38
インキュベイター　167, 171, 177, 184, 202
ウィトゲンシュタイン　20
右脳　122
梅棹忠夫　9, 35, 64, 95, 117, 141, 161, 186, 193, 208
ＡＩ（人工知能）ワープロ　179, 215
Ａ４判　29, 56, 57
エンジェルライン　73
エントロピー　48, 64, 154, 157
欧陽修　190
押出しファイリング　28, 29, 46, 51, 54, 83
押出し法（方式）　38, 47, 65, 70, 89, 163
オープン・ファイル　63

か　行

階層化ディレクトリ　105
ガウス　175
拡張子　104, 111, 113, 130
家族的類似性　20
活性ファイル　52, 84, 150
カテゴリー　147
カード　73, 132, 194
――・ボックス　82
加藤秀俊　8
カード派　186
神様　50
――名刺　71
神様ファイル　40, 63, 70
――の祭り上げ　51
紙との戦い　28
紙媒体　28, 88
――情報　148
川喜田二郎　186
側理論　120
漢字変換　121, 145, 199
キー　23, 36, 53, 67, 70, 104, 117, 130, 142, 148
記憶　37, 83
個人の――　70
時間順に関する――　37
――の糸　37

野口悠紀雄（のぐち・ゆきお）

1940年，東京に生まれる．63年，東京大学
工学部卒業．64年，大蔵省入省．72年，イ
エール大学Ph. D.（経済学博士号）を取得．
現在，一橋大学教授．専攻，公共経済学．
著書『情報の経済理論』（東洋経済新報社，1974，日経経済図書文化賞）
『予算編成における公共的意志決定過程の研究』（共著，大蔵省印刷局，1979，毎日新聞エコノミスト賞）
『財政危機の構造』（東洋経済新報社，1980，サントリー学芸賞）
『公共経済学』（日本評論社，1982）
『公共政策』（岩波書店，1984）
『土地の経済学』（日本経済新聞社，1989，各務財団賞，不動産学会賞）
『ストック経済を考える』（中公新書，1991）
『バブルの経済学』（日本経済新聞社，1992，吉野作造賞）
『日本経済 改革の構図』（東洋経済新報社，1993）

「超」整理法
中公新書 *1159*

1993年11月25日初版
1994年5月15日16版

著　者　野口悠紀雄
発行者　嶋中行雄

本文印刷　三晃印刷
カバー印刷　大熊整美堂
製　　本　小泉製本

発行所　中央公論社
〒104 東京都中央区京橋2-8-7
振替 00120-4-34

Printed in Japan
ISBN4-12-101159-7

中公新書刊行のことば

いまからちょうど五世紀まえ、グーテンベルクが近代印刷術を発明したとき、書物の大量生産は潜在的可能性を獲得し、いまからちょうど一世紀まえ、世界のおもな文明国で義務教育制度が採用されたとき、書物の大量需要の潜在性が形成された。この二つの潜在性がはげしく現実化したのが現代である。

いまや、書物によって視野を拡大し、変りゆく世界に豊かに対応しようとする強い要求を私たちは抑えることができない。この要求にこたえる義務を、今日の書物は背負っている。だが、その義務は、たんに専門的知識の通俗化をはかることによって果たされるものでもなく、通俗的好奇心にうったえて、いたずらに発行部数の巨大さを誇ることによって果たされるものでもない。現代を真摯に生きようとする読者に、真に知るに価いする知識だけを選びだして提供すること、これが中公新書の最大の目標である。

私たちは、知識として錯覚しているものによってしばしば動かされ、裏切られる。私たちは、作為によってあたえられた知識のうえに生きることがあまりに多く、ゆるぎない事実を通して思索することがあまりにすくない。中公新書が、その一貫した特色として自らに課すものは、この事実のみの持つ無条件の説得力を発揮させることである。現代にあらたな意味を投げかけるべく待機している過去の歴史的事実もまた、中公新書によって数多く発掘されるであろう。

中公新書は、現代を自らの眼で見つめようとする、逞しい知的な読者の活力となることを欲している。

一九六二年一一月

中央公論社

哲学・思想・心理 II

パラドックス	中村秀吉
時間のパラドックス	中村秀吉
詭弁論理学	野崎昭弘
逆説論理学	野崎昭弘
弁証法	中埜肇
空間と人間	中埜肇
マキァヴェリ	家田義隆
モラリストの政治参加	杉山光信
パスカル	前田陽一
ヘーゲル	中埜肇
サルトル	矢内原伊作
サルトルの晩年	西永良成
ニーチェ	藤田健治
オルテガ	色摩力夫
ヴェーバー、トレルチ、マイネッケ	西村貞二
ケインズとハイエク	間宮陽介
ダーウィン論	今西錦司
主体性の進化論	今西錦司
科学的方法とは何か	浅田彰・黒田末寿・佐和隆光・長野敬・山口昌哉
現代社会学の名著	杉山光信編
60冊の書物による現代社会論	奥井智之
科学革命の政治学	吉岡斉
ラ・ロシュフーコーと箴言	田中仁彦
孤独と連帯	小原信
われとわれわれ	小原信
歴史のなかの自由	仲手川良雄
モダンの脱構築	今田高俊
青春の和辻哲郎	勝部真長
経済倫理学のすすめ	竹内靖雄
現代アジア論の名著	長崎暢子・山内昌之編

経済・経営

ハーバード・ビジネス・スクールにて　土屋守章
多国籍企業　石川博友
流通革命（増訂版）　林 周二
流通革命新論　林 周二
経営と文化　林 周二
広告の科学　チャールズ・ヤン
日立と松下（上下）　岡本康雄
日本のビール　稲垣眞美
日本的経営　尾高邦雄
幕末維新の経済人　坂本藤良
企業の適応戦略　西山賢一
インフォミュニケーションの時代　林 紘一郎
ネットワーキングへの招待　金子郁容
ケインズ　早坂 忠
「ケインズ革命」の群像　根井雅弘
レーガノミックス　土志田征一
アメリカの大企業　上野 明
訴訟社会アメリカ　長谷川俊明
競争社会アメリカ　長谷川俊明
グローバリゼーション　小島 明
兜町の四十年　細金正人
株式市場の科学　山下竹二
国際金融 現場からの証言　太田 赳
複合不況　宮崎義一
実践経営学（ガイダンス）　若松茂美
現代経済学の名著　佐和隆光編
サービス化経済入門　佐和隆光編
ストック経済を考える　野口悠紀雄
技術標準 対 知的所有権　名和小太郎
「豊かな地方づくり」を目指して　山崎 充
ショービジネス in U.S.A.　鈴木武史
企業ドメインの戦略論　榊原清則
市場経済学の源流　井上義朗
アジア四小龍　E・F・ヴォーゲル 渡辺利夫訳
フルセット型産業構造を超えて　関 満博

RC 1886 中公新書

社会・教育 I

整理学　加藤秀俊
人間関係　加藤秀俊
人間開発　加藤秀俊
自己表現　加藤秀俊
情報行動　加藤秀俊
取材学　加藤秀俊
企画の技法　加藤秀俊
電子時代の整理学　加藤秀俊
人生にとって組織とはなにか　加藤秀俊
発想法　川喜田二郎
続・発想法　川喜田二郎
野外科学の方法　川喜田二郎
カンの構造　中山正和
発想の論理　中山正和
コミュニケーション技術　篠田義明
民博誕生　梅棹忠夫編
博物館と美術館　梅棹忠夫編
博物館と情報　梅棹忠夫編
ノーベル賞　矢野暢
ホモ・モーベンス　黒川紀章
アメリカの秘密結社　綾部恒雄
南ア共和国の内幕（増補改訂版）　伊藤正孝
航空事故　柳田邦男
新幹線事故　柳田邦男
文明の作法　京極純一
人間と労働の未来　中岡哲郎
余暇のすすめ　大河内一男
水と緑と土　富山和子
祇園祭　米山俊直
日本の病院　菅谷章
先端医療革命　米本昌平
インフォームド・コンセント　水野肇
お医者さん　なだいなだ
教育問答　なだいなだ
ワープロが社会を変える　田中良太
ニュースキャスター　田草川弘
日本の米　富山和子
「超」整理法　野口悠紀雄

自然科学 III

量子の不思議	原　康夫
エントロピー入門	杉本大一郎
楽器の音色を探る	安藤由典
人間と気候	佐藤方彦
異常気象を追って	根本順吉
微粒子が気候を変える	三崎方郎
戦略的創造のための情報科学	坂井利之
脳とコンピューター	品川嘉也
ナチュラリストの系譜	木村陽二郎
日本の森林	四手井綱英
森林の生活	堤　利夫
自然観察入門	日浦　勇
都市の自然史	品田　穣
都市が滅ぼした川	加藤　辿
水害　治水と水防の知恵	宮村　忠
環境を診断する	森下郁子
水を訪れる	山口嘉之
現代天文学入門	小平桂一
大陽黒点が語る文明史	桜井邦朋
失われた原始惑星	武田　弘
自然の中の光と色	桜井邦朋
漱石が見た物理学	小山慶太
日本の半導体四〇年	菊池　誠
地震考古学	寒川　旭
先端技術への招待	中野不二男
現代物理学の父　ニールス・ボーア	西尾成子
物理学者ブルーノ・ロッシ自伝	B・ロッシ　小田　稔訳
分類学からの出発	吉田政幸
資源経済学のすすめ	西山　孝